宁波茶通典

茶器典·越窑青瓷

宁波茶文化促进会　组编

施珍　著

中国农业出版社
北京

U0175964

宁波茶通典

丛书编委会

主编

姚国坤　研究员，1937年10月生，浙江余姚人，曾任中国农业科学院茶叶研究所科技开发处处长、浙江树人大学应用茶文化专业负责人、浙江农林大学茶文化学院副院长。现为中国国际茶文化研究会学术委员会副主任、中国茶叶博物馆专家委员会委员、世界茶文化学术研究会（日本注册）副会长、国际名茶协会（美国注册）专家委员会委员。曾分赴亚非多个国家构建茶文化生产体系，多次赴美国、日本、韩国、马来西亚、新加坡等国家和香港、澳门等地区进行茶及茶文化专题讲座。公开发表学术论文265篇；出版茶及茶文化著作110余部；获得国家和省部级科技进步奖4项，家乡余姚市人大常委会授予"爱乡楷模"称号，是享受国务院政府特殊津贴专家，也是茶界特别贡献奖、终身成就奖获得者。

总序

踔厉经年，由宁波茶文化促进会编纂的《宁波茶通典》（以下简称《通典》）即将付梓，这是宁波市茶文化、茶产业、茶科技发展史上的一件大事，谨借典籍一角，是以为贺。

聚山海之灵气，纳江河之精华，宁波物宝天华，地产丰富。先贤早就留下"四明八百里，物色甲东南"的著名诗句。而茶叶则是四明大地物产中的奇葩。

"参天之木，必有其根。怀山之水，必有其源。"据史料记载，早在公元473年，宁波茶叶就借助海运优势走出国门，香飘四海。宁波茶叶之所以能名扬国内外，其根源离不开丰富的茶文化滋养。多年以来，宁波茶文化体系建设尚在不断提升之中，只一些零星散章见之于资料报端，难以形成气候。而《通典》则为宁波的茶产业补齐了板块。

《通典》是宁波市有史以来第一部以茶文化、茶产业、茶科技为内涵的茶事典籍，是一部全面叙述宁波茶历史的扛鼎之作，也是一次宁波茶产业寻根溯源、指向未来的精神之旅，它让广大读者更多地了解宁波茶产业的地位与价值；同时，也为弘扬宁波茶文化、促进茶产业、提升茶经济和对接"一带一路"提供了重要平台，对宁波茶业的创新与发展具有深远的理论价值和现实指导意义。这部著作深耕的是宁波茶事，叙述的却是中国乃至世界茶文化不可或缺的故事，更是中国与世界文化交流的纽带，事关中华优秀传统文化的传承与发展。

宁波具有得天独厚的自然条件和地理位置，举足轻重的历史文化和人文景观，确立了宁波在中国茶文化史上独特的地位和作用，尤其是在"海上丝绸之路"发展进程中，不但在古代有重大突破、重大发现、重大进展；而且在现当代中国茶文化史上，宁波更是一块不可多得的历史文化宝地，有着举足轻重的历史地位。在这部《通典》中，作者从历史的视角，用翔实而丰富的资料，上下千百年，纵横万千里，对宁波茶产业和茶文化进行了全面剖析，包括纵向断代剖析，对茶的产生原因、发展途径进行了回顾与总结；再从横向视野，指出宁波茶在历史上所处的地位和作用。这部著作通说有新解，叙事有分析，未来有指向；且文笔流畅，叙事条分缕析，论证严谨有据，内容超越时空，集茶及茶文化之大观，可谓是一本融知识性、思辨性和功能性相结合的呕心之作。

这部《通典》，诠释了上下数千年的宁波茶产业发展密码，引领你品味宁波茶文化的经典历程，倾听高山流水的茶韵，感悟天地之合的茶魂，是一部连接历史与现代，继往再开来的大作。翻阅这部著作，仿佛让我们感知到"好雨知时节，当春乃发生，随风潜入夜，润物细无声"的情景与境界。

宁波茶文化促进会成立于2003年8月，自成立以来，以繁荣茶文化、发展茶产业、促进茶经济为己任，做了许多开创性工作。2004年，由中国国际茶文化研究会、中国茶叶学会、中国茶叶流通协会、浙江省农业厅、宁波市人民政府共同举办，宁波茶文化促进会等单位组织承办的"首届中国（宁波）国际茶文化节"在宁波举行。至2020年，由宁波茶文化促进会担纲组织承办的"中国（宁波）国际茶文化节"已成功举办了九届，内容丰富多彩，有全国茶叶博览、茶学论坛、名优茶评比、宁波茶艺大赛、茶文化"五进"（进社区、进学校、进机关、进企业、进家庭）、禅茶文化展示等。如今，中国（宁波）国际茶文化节已列入宁波市人民政府的"三大节"之一，在全国茶及茶文化界产生了较大影响。2007年举办了第四届中国（宁波）国际茶文化节，在众多中外茶文化人士的助推下，成立了"东亚茶文化研究中心"。它以东亚各国茶人为主体，着力打造东亚茶文化学术研究和文化交流的平台，使宁波茶及茶文化在海内外的影响力和美誉度上了一个新的台阶。

宁波茶文化促进会既仰望天空又深耕大地，不但在促进和提升茶产业、茶文化、茶经济等方面做了许多有益工作，并取得了丰硕成果；积累了大量资料，并开展了很多学术研究。由宁波茶文化促进会公开出版的刊物《海上茶路》（原为《茶韵》）杂志，至今已连续出版60期；与此同时，还先后组织编写出版《宁波：海上茶路启航地》《科学饮茶益身心》《"茶庄园""茶旅游"暨宁波茶史茶事研讨会文集》《中华茶文化少儿读本》《新时代宁波茶文化传承与创新》《茶经印谱》《中国名茶印谱》《宁波八大名茶》等专著30余部，为进一步探究宁波茶及茶文化发展之路做了大量的铺垫工作。

宁波茶文化促进会成立至今已20年，经历了"昨夜西风凋碧树，独上高楼，望尽天涯路"的迷惘探索，经过了"衣带渐宽终不悔，为伊消得人憔悴"的拼搏奋斗，如今到了"蓦然回首，那人却在灯火阑珊处"的收获季节。编著出版《通典》既是对拼搏奋进的礼赞，也是对历史的负责，更是对未来的昭示。

遵宁波茶文化促进会托嘱，以上是为序。

宁波市人民政府副市长 杨勇

2022年11月21日于宁波

序

宁波茶通典·茶器典·越窑青瓷

施珍女士撰写《茶器典·越窑青瓷》一书,给我发来本书电子文档,并希望我为之写点文字。她矢志陶瓷艺术的研究和创作事业,尤其在越窑青瓷的传承与创新结合上积极践行,多有建树,其社会影响力在延伸、在扩大。余秋雨评价:"感谢施珍,唤醒千古秘色瓷。"冯骥才珍赏她的青瓷作品,亲笔题词认定有"古韵静雅"特色。

青瓷茶具的价值又不局限在茶具,"瓷通四海,器以载道",为2019年第五届青瓷文化节主题,是由浙江省文化和旅游厅、慈溪市人民政府主办的节日,以内容丰富的活动,提升青瓷的社会效应。联想到本书,有异曲同工之妙。与节日活动轰动效应相比,本书短时间内反响有限,但以古鉴今,则可遗存后人,开人心扉。青瓷器皿中彰显茶具。青瓷茶具佐证越窑青瓷名品的历史地位,越窑青瓷的历史地位通过茶具深化茶文化,两者共为弘扬中华优良传统文化,交相辉映,凸显地域文化个性,从而名扬中外,提升国家乃至世界文化遗产。

全书主要的内容以茶具为中心,着重写越窑青瓷茶具,尤其是上林湖制作的秘色瓷,它是越窑作品中的杰出代表,茶具又为其中精品。文字紧扣茶具主题,又从悠久的历史、辽阔的地域背景上广为涉略。青瓷茶具是中华传统文化的重要载体之一,在传承与创新中,推动着中国乃至世界的陶瓷研究,越窑青瓷为人类文明史谱写了华丽篇章。

纵观全书内容,具有以下特色。

首先,彰显中国母亲瓷的地位。越窑青瓷早有中国母亲瓷之称,书中详述其发展前期始于东汉,又以茶文化的元素,追溯源头到河姆渡文化和田螺山遗址,新石器时代晚期的茶和器皿,佐证了越窑青瓷起源之早、时间之久,直到南宋终止。书中又记叙了后来的五大名窑,"越窑"之名,一般认为出自唐代越州,以上林湖为代表的越窑地带是越王勾践发迹之地,历经八代霸主,称霸200余年。越国疆土辽阔,越窑广为分布,包括安徽、江苏等地,更映衬出上林湖青瓷奇葩。

其次，坚定越窑青瓷的文化自信。越窑青瓷在东汉初期成熟，发展的演化历程绵延到唐朝茶文化繁荣时，形成青瓷茶具的鼎盛局面。茶圣陆羽著就的世界上第一部茶书《茶经·四之器》中，高度评价青瓷茶具为全国之冠，称"碗，越州上……瓯，越州上……"而陆羽称道的还不包括皇宫所用的越窑青瓷，当时称瓷秘色，历经晚唐、五代到北宋200余年后，北宋才称为秘色瓷。尤其是上林湖青瓷，那精致的工艺、精美的图案、精巧的造型，展现着高超的审美意趣，依托宁波当时已是古代海上丝路的大港优势，传播到亚太地区和世界上其他国家，其釉色之美、文化内涵之丰富，成为境外许多地方的国宝级文物。对越窑青瓷典范，我们有千般理由坚持文化自信，增强文化自觉，挖掘其文化价值和潜在的经济价值，促进宁波名城名都建设，推动世界文明互鉴，为构建人类命运共同体发挥越窑青瓷的独特魅力。

其三，揭示传承与创新的科学之路。越窑青瓷作为优秀的传统文化载体，这份历史文化遗产进入世界文化宝库，新时代正在重铸青瓷辉煌。全书在传承和创新结合上以具体的事例作了正确诠释。传统是创新发展的根本，如果去掉了、放弃了传统，就等于割断了自己命脉，最好的作品也会成无源之水、无本之木，更谈不上文化内涵。当然继承传统也不能囿于成见、抱残守缺，传承的目的在于前进、在于发展。历史长河中秘色瓷的颜色就不是一成不变的。我们更应坚持在传承的基础上创新，多年来，从展示越窑青瓷的反响看，凡是赢得中外人士广泛赞誉的，无不是在传承的基础上创新。践行创造性转化、创新性发展，无论是艺术作品，还是生活用品，创新才有出路，传承与创新结合为科学之路。

《茶器典·越窑青瓷》内容分为七章二十三节，前四章以朝代先后为序，内容上纵排横写，后三章以内容分类，横排纵写。在纵横捭阖的安排上，大事不漏，条理清晰，并对青瓷茶具史料作了研究和筛选，多有正确的界定，对秘色瓷的分析颇有见地。自秘色瓷见诸文献以来，其所指范围多有争议。目前的主流观点为三种：第一种范围较大，秘色瓷等同越窑青瓷；第二种范围较小，专指法门寺地宫出土的瓷秘色；第三种范围折中，将烧造难度较大的艾草色，视为秘色瓷。施珍则认为秘色瓷的重要标准为，它的釉色应是像法门寺出土的"青绿色"，五代和北宋在这青绿色基础上，釉色更加光亮、青翠，如同高档绿茶第二次冲泡的汤色，绿中浅显嫩黄。而本书内容生动又表现在点面结合，文字有详有略。描叙上林湖越窑遗址的古今风情，引用了大量的唐诗宋词，对出土青瓷鸡头壶、蟾蜍等更是描写得细腻形象、栩栩如生，还把中华民族崇尚青色的历史和青瓷联系起来，全书的正确性、知识性和生动性融合得恰到好处。

出版越窑青瓷的相关书籍多多，而这本《茶器典·越窑青瓷》从特色内涵来看，可谓自古以来第一本。因为仅有实际制作经验者，难以写出有系统的青瓷茶具书籍，而有写作条件的人士侧重书斋生活，对上林湖或走马观花，或未曾涉足，也难以写好此书。宁波茶文化促进会安排施珍撰写此书，无疑是最佳人选。她从景德镇陶瓷学院毕业，公费留学到国外进修陶艺，致力越窑青瓷，在上林湖畔创办陶艺研究所，亲任所长，身体力行，为传承和创新越窑青瓷工艺积极奉献，在施珍身上，可见践行知行合一的完美身影。

阅读《茶器典·越窑青瓷》，感同身受，十分亲切。无论是茶界、陶艺界、史志界以及社会相关人士，都可能产生思想共鸣，至少是开卷有益。

感谢宁波茶文化促进会组织撰写青瓷茶具之书，对陶瓷艺术研究和创作更是一件幸事、好事，可喜可贺！

是为序。

2019年12月8日

序言作者秦锡麟为中国工艺美术大师，中国陶瓷艺术评审委员会主任委员，中国陶瓷协会副理事长，《中国陶艺》和《陶瓷学报》杂志主编，景德镇陶瓷学院名誉院长、教授。

上林湖风光

依山坡构筑的上林湖荷花芯窑龙窑旧址
上覆保护棚，向游人展示龙窑当年的烧制情况

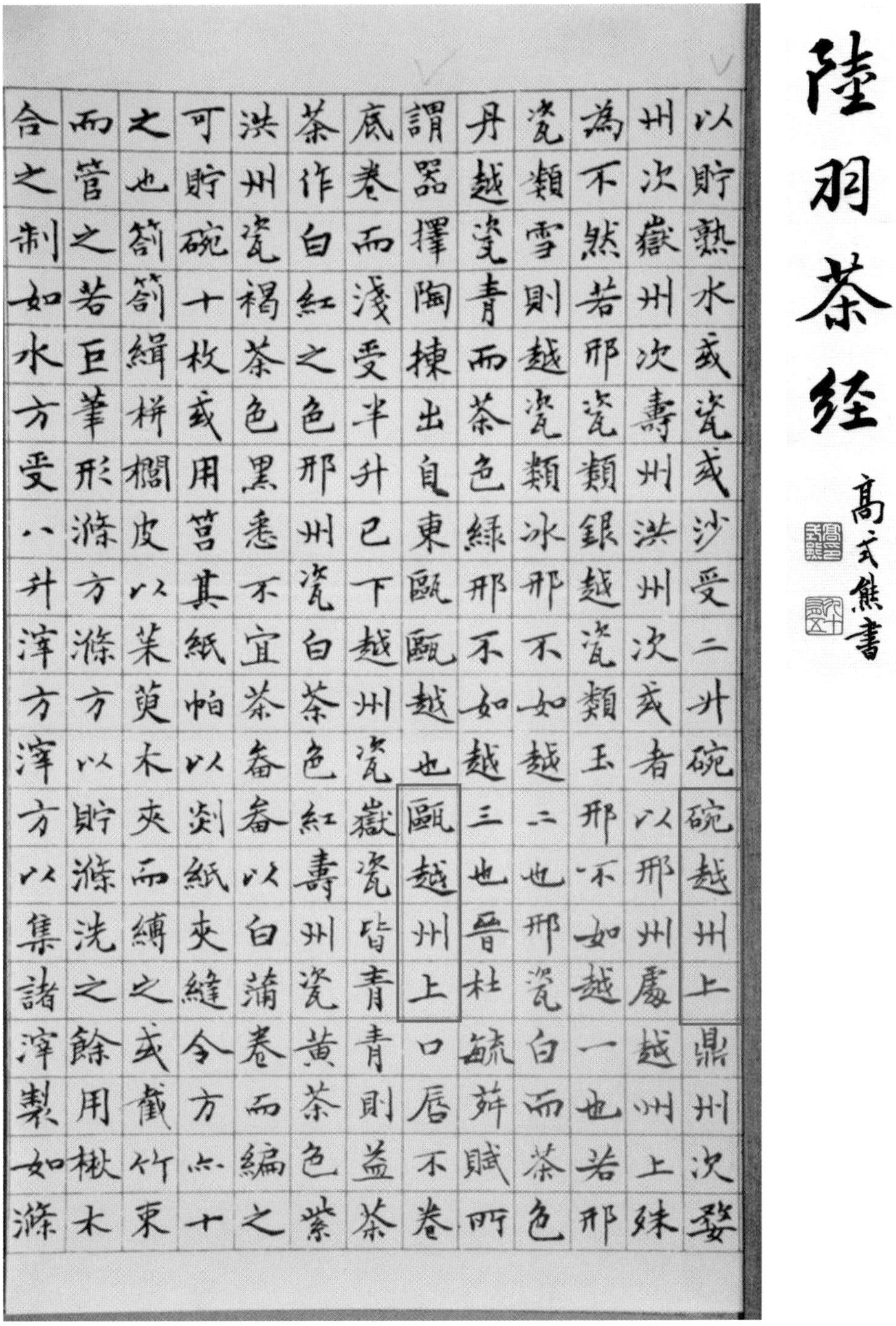

陸羽茶經　高式熊書

以貯熟水或瓷或沙受二升碗碗越州上鼎州次婺
州次嶽州次壽州洪州次或者以邢州處越州上殊
為不然若邢瓷類銀越瓷類玉邢不如越一也若邢
瓷類雪則越瓷類冰邢不如越二也邢瓷白而茶色
丹越瓷青而茶色綠邢不如越三也晉杜毓荈賦所
謂器擇陶揀出自東甌甌越也甌越州上口唇不卷
底卷而淺受半升已下越州瓷嶽瓷皆青青則益茶
茶作白紅之色邢州瓷白茶色紅壽州瓷黃茶色紫
洪州瓷褐茶色黑悉不宜茶畚以白蒲卷而編之
可貯碗十枚或用筥其紙帕以剡紙夾縫令方六十
之也筥筥緝栟櫚皮以茱萸木夾而縛之或截竹束
而管之若巨筆形滌方以貯滌洗之餘用楸木
合之制如水方受八升滌方滌方以集諸滌製如滌

《茶经·四之器》

上林随想

作品规格：直径15.5厘米，高36厘米

该作品采用越窑青瓷的传统代表器型，加以青花艺术，象征越窑遗址——上林湖的意境，仿佛置身其中，漫步随想。2011年2月，该作品被浙江省博物馆永久收藏

吉祥鸟双耳瓶

青瓷与茶

　　越窑的玉璧足茶盏被陆羽评为最适合用来
品茶的茶碗。越窑茶碗大多高4～8厘米，杯口
宽约12厘米。杯口上多作花口塑型，取材于植
物形态，呈现出凹凸有致的花形之美，诗人孟
郊曾写道"蒙茗玉花尽，越瓯荷叶空"的诗句，
来形容越窑青瓷茶器之美。

目录

总序

序

第一章 ◎ 越窑青瓷与上林湖

在七千年河姆渡遗址上，出土了大批反映新石器时代农耕文明的黑陶器皿。先民以陶器作饮具孕育的黑陶文化，联系着茶和水的元素。陶是瓷的基础，瓷是陶的发展，自古陶瓷一家。以上林湖为代表的越窑青瓷茶具（器皿），由河姆渡的黑陶文化演绎而来，源远流长，为中国母亲瓷奠定了厚重的基础。

上林湖

上林湖越窑遗址

一、河姆渡陶瓷溯源

(一)

"器为茶之父，水为茶之母。"古人浅显生动地诠释器具和水与茶的自然关系。以至茶具成为茶文化的重要内容，因为它是茶和水的载体。越窑青瓷茶具的文化内涵丰富，更是宁波茶文化的重要组成部分。

考古界和陶瓷界有句俚语："一部陶瓷史，半部在浙江。"

探索越窑青瓷茶具和陶瓷文化现象，溯源其来龙去脉，离不开历史和文化。而历史与文化的传承，必须汲取先人的智慧，那就必然联系到河姆渡文明中的黑陶文化，那是人类生活遗留下来的古迹物质。通过考古学，为我们深化古陶瓷研究提供了条件。

河姆渡遗址博物馆

（二）

越窑青瓷茶具也得从河姆渡遗址说起。

以河姆渡遗址为代表的新石器时代后期，成为原始社会农耕文明社会的百科全书，遗址涉及的多个领域震撼世界，并为全球所认定。

1975年11月至1976年1月，中国社会科学院考古研究所实验室与北京大学考古实验室，对河姆渡遗址上的出土文物标本进行碳十四的年代测定，确定其第四文化层最老标本为距今6 950年，上限已达7 000年之久。四个文化层相互叠压，堆积厚度达4米，延续时间达2 000余年。在河姆渡遗址上，出土原始先民遗骸数十具，动物遗骨上万件，大量的植物叶片和果实，史前栽培稻遗存，带有榫卯木建筑构件的建筑遗存，木结构水井和原始的生产工具，还有出土的许多艺术品，从骨哨可知音乐的起源，从仿制木舟的陶舟纹饰可探索民间龙舟竞渡的雏形，认定河姆渡文化是原始文明社会的百科全书。1982年2月，国务院公布河姆渡为国家重点文物保护单位。

（三）

本书要着重研究的是原始饮水器具中的陶器及制作。据《宁波市志》所记：出土陶器具有"夹炭黑陶"特征，堆积层厚面广，第一次发掘实际面积600余平方米，仅第四文化层出土陶片10万余件，复原陶器235件。第二次发掘出陶片20万余件，完整器与复原器达1 460件。以上种类有，炊具主要是釜、甑、鼎等；盛贮器主要是罐、盆、钵、盂、贮火尊、器盖和匜等；食器（包括水器、酒器）主要是盘、豆、杯、带嘴器、盂和觯。陶器主要靠手工制作后用慢轮修整，制陶工具有陶（木）拍、鹅卵石、竹（木）刀、陶抵手和刻画图案花纹所

河姆渡黑陶

用尖锥具等。主要陶系为夹炭黑陶，器壁粗厚、胎质疏松，硬度低，吸水性强，器表里黑色。

从上述出土的黑陶器可知，罐、盆、盘、杯、带嘴器是后来青瓷茶具的原型，只是当时的器具一物多用。以罐为例，可藏多种食品，以杯来说，用作饮水吃茶，人们一般统称为食具，但从茶文化的视角来看，说是茶具也不会错。有人疑惑当时有茶吗？其实，茶的概念至今我们还分三大类：一类是"茶非茶"，如白糖莲心茶，未含茶叶；一类是真茶加非茶，如茉莉花茶；一类是真茶，即人们品饮的绿茶、红茶、黑茶、白茶、青茶、黄茶六大类。古人考证，最早的茶饮具有解渴、充饥、保健作用。而河姆渡遗址上植物遗存中有大批樟科植物叶片，有的樟科植物叶片还贮存在特别的木筒中，专家认为是原始茶的储存器皿，所存樟科植物叶片具有保健治病的功效，加上橡子、菱等与水共煮呈羹状，供先民饮用。原始茶与现代茶的区别，在于原始茶有充饥的作用，在保健和解渴意义上，仍然不愧为茶。因此，作为与原始茶相对应的黑陶器具称食具、茶具，自有其理由。

原始社会分旧石器时代和新石器时代。200万年前的旧石器时代先民以采集渔猎经济为主，进入新石器时代，河姆渡遗址上已有人工栽培的水稻。柴米油盐酱醋茶开

樟科植物叶片遗存

门七件事之一的茶，产生在新石器后期使人匪夷所思。而田螺山遗址出土的茶树根和陶器茶具，更是茶具源头，已为考古证实。

（四）

田螺山遗址距河姆渡遗址不足7公里，在余姚市三七市镇相岙村。该遗址距今约6 000年，同属河姆渡文化系列。2004年考古工作者在田螺山遗址上开始考古工作，经过持续多年的精细考古发掘和研究，出土了极其丰富的河姆渡文化遗迹和遗物，这是一个原始的氏族村落，尤其在PH4地块上发现了原生于土层中的不少树根根块，经初步鉴定，认为这是先民人工种植的茶树根。引起了考古界、史学界、茶界人士的重视和关注。2011年夏天，著名茶学专家亲临现场考察，其中有中国农业科学院茶叶研究所原所长、中国国际茶文化研究会名誉副会长兼学术委员会主任程启坤教授，浙江农林大学茶文化学院副院长、浙江省茶文化研究会副会长姚国坤教授，中国农业科学院茶叶研究所

田螺山遗址

茶树育种研究室原主任、全国农作物品种审查委员会茶树专业委员会虞富莲研究员，他们专程取样，对疑似茶树根进行茶树特有的化学成分——茶氨酸做分析检测，并与遗址附近采挖的现代茶树根及近像植物根系进行详细的鉴定分析，综合研究和鉴定的结果表明，余姚田螺山遗址出土的疑似茶树根，是经考古发现中国先民人工种植的年代最早的茶树遗存。3位专家发表《余姚田螺山遗址山茶属树根研究报告》，报告指出：余姚田螺山遗址出土了距今6 000年前人工种植生产的稻米及茶树根，说明世界上人工栽培茶树最早的时间可能就在人工种植生产稻米的同时。这一点印证了中国农史专家游修龄的观点：茶和稻可谓"本是同根生，相得益彰显"。追溯两者的起源，很难截然分离，直至今天，哪里有稻，哪里就必然也有茶。

2015年6月30日，中国国际茶文化研究会、余姚市人民政府在杭州新侨饭店召开了《田螺山遗址山茶属植物遗存研究成果发布会》，中国日报、浙江日报等省内外23家新闻媒体报道了人工种茶消息，并发表了题为《世界种茶最早的地方》的文章，在国内外引起了积极反响。

有了人工栽培的茶，饮茶器具便相伴而生，乃是顺理成章之事。田螺山遗址众多的出土文物中，曾挖掘出代号为"M16"的盉。考古专家孙国平说陶盉是一种水器，但用于盛什么水一直没有定论，后来有

田螺山遗址茶树根

了茶树根的发现，便觉得这陶盉很像现在的茶壶。这陶盉在现场也引起了专家们的兴致：它有半环形把手，另有洒水小嘴，还有壶的口子，就像当今的紫砂壶，但又有一个特别之处，即现代茶壶的把手和壶嘴布置成180°直线状，而田螺山遗址的陶盉则近于直角状，这引起在现场考察的程启坤教授的浓厚兴趣，从壶形制作可知其年代相当久远。这推算年代的道理如同出土的鸡头壶，实心口的作为明器，产在西晋，而到东晋后的鸡头壶嘴空心可洒出水。

田螺山遗址出土的陶盉

田螺山遗址陶盉

（五）

2015年12月版第四期《茶韵》杂志发表了程启坤教授的《就田螺山遗址六千年人为种植的茶树根答读者问》，其中第五题介绍了余姚田螺山遗址发现6 000年前人工种植的茶树根的重要意义：田螺山遗址山茶属植物遗存研究成果论证会的论证意见最后认为："田螺山遗址出土的这三丛树根，是迄今为止中国境内考古发现的最早的人工种植茶树遗存，距今6 000年左右，这是考古和茶史研究的重要发现。"从此把中国人工种茶的历史向前推进了3 000年左右，与河姆渡人种稻米的时代相当，说明中华茶文化确实源远流长。除这些年代久远的茶树根，田螺山遗址中还出土了不少陶罐、陶壶和陶杯等先民日常生活用具，从这些陶罐和陶壶也可以推知，6 000年前的这些先民饮食是多样的，有取水、贮物的罐，有煮米饭的陶锅，还有煮汤或煮茶饮水的陶壶、陶罐、碗、皿等。其中特别是陶壶，它的形状与现代侧柄陶茶壶极为相似，这不能不使人猜想，余姚田螺山先民是否早在6 000年前就已经开始使用陶壶、陶杯来煮茶饮茶了？可惜的是这只陶壶出土后已清洗过，如果不清洗，测试一下壶里还有没有残留的茶多酚，也许可以帮助判断此壶是否烹过茶。为此也为田螺山或其他遗址今后挖掘中遇有此类器皿，提供有关鉴定特征化合物要注意的启示。

从上述情况可知，河姆渡文化中的田螺山遗地已有茶和茶的元素，与之相呼应的茶器具也相应出现，但这种器具具有深厚的黑陶文化特色，陶器具可称为食具、水具、茶具，往往一物多用，从茶和茶文化

田螺山遗址

的视角看，从樟科植物为主的原始茶到栽培的人工茶，先民们已不可能用双手捧着像喝冷水那样饮用，必然需要使用一物多用的茶具或食具。

越窑青瓷茶具追溯其源头，河姆渡黑陶文化为其雏形。新石器时代农耕文明中，河姆渡遗址产生的黑陶文化为越窑青瓷茶具的产生提供了丰厚的土壤。在当时的食具和饮具中，已有茶具的作用，堪为越窑青瓷茶具的先声。

二、越窑窑址地域辽阔

（一）

研究越窑青瓷茶具，不仅要了解其悠久的年代，也要了解其生产的地域。越窑因烧制地区在古代越国、越州而得名。

越国是古代国名（今绍兴市），相传始祖为夏代少康的庶子无余。建都会稽，春秋末年吴越交战中，越王勾践卧薪尝胆、刻苦图强，攻灭吴国成为霸主，向北扩展，迁都到山东琅琊200余年，《越绝书·第七卷·越绝内传陈成恒第九》："凡八君·都琅琊二百二十四岁。无疆以

《越绝书全译》书封

上，霸，称王。"意思是说越国一共有八个国君，以琅琊为都城，总共有224年，无疆以上的国君，都是霸主。可见越国疆域在浙东发迹，北至山东，包括江苏南部、安徽南部、江西东部和浙江北部，而浙东宁波、绍兴、台州更是越国发展的根基，那里是富裕地区，越王勾践成为霸主，经济文化的发展，为越窑中心地带奠定了坚实基础。越窑影响广泛，又在温州、金华、衢州、湖州、临安等地有与越窑相近时代的窑址，这些地方都属于古越国疆域内，泛称越窑，包括德清窑发掘的古窑址。而隋唐时期，浙东置越州，五代时又为吴越国王钱镠所辖。如今，我们对古越国、越州、吴越国的考古发现了更多的越窑遗址。

（二）

从不同地区，选择不同年代及越窑遗址作如下介绍。

宁波东钱湖，东汉及其之前的窑址达37处（鄞州文史第八辑第205），最著名的为郭家岙寨基和郭童岙两地。在郭家岙寨基，有馒头窑址3座，是东汉后期的古窑，与龙窑属同一区域，窑址保存完好。还有郭童岙龙窑窑址，有龙窑窑址8座，其中Y1窑址，全长41.42米，大堂最宽处1.8米，其开烧时间为东汉，停烧时间约在北宋时期。2019年2月至6月，宁波市考古研究所联合吉林大学在位于奉化白杜的陈君庙山窑址群进行发掘，发现两座龙窑，出土大批越窑青瓷器和窑具等（2019年7月11日宁波日报）。

绍兴市在晋之前的窑址列为县级文物单位的更多，如绍兴长竹园的陶瓷遗址，位于城东南20公里的富盛镇倪家溇长竹园。分南北两处，总面积约4 000平方米，兼烧印纹硬陶和原始青瓷器。器形有印纹硬陶罐、坛和原始青瓷碗、盘、碟、钵等。硬陶器多数胎骨坚硬，呈深紫色或深灰色。采用泥条圈叠法成型，外饰米筛纹、米字纹、杉叶纹、粗麻布纹、席纹和回纹等，其中坛器形高大。原始青瓷质地细腻坚硬，多呈灰白色，内外施青中泛黄薄釉，器形规正，拉坯成型，龙窑叠装烧成，窑具为扁圆形托珠。

又如诸暨下檀的硬陶窑址，系战国时期遗存。位于城东北30公里的阮市下檀村西北的枫山南坡，面积约1 500平方米。器形有罐、坛、罍等。胎质坚密，呈褐红色。器表拍印菱格填线纹、重回纹、网格纹、米家纹以及复合纹。轮制成型。

再如上虞小仙坛东汉青瓷窑址，位于城南15公里的上浦镇四峰山东北坡小仙坛，分布面积约100平方米。龙窑烧制。器形有罍、壶、洗、罐、五管瓶等。器表拍印松杉纹、三角纹、窗棂纹、麻布纹、方格纹或划刻弦纹、水波纹等。胎质灰白，施石灰釉，色青灰，光亮匀润。经中国科学院上海硅酸盐研究所测定烧成温度1 310℃±20℃，吸水率为0.28%，抗弯强度710千克／平方厘米，氧化铁含量（Fe_2O_3）1.64%，已达到现代瓷器标准。1980年，瓷片标本在美国和中国香港展出，博得国际陶瓷界人士高度评价。

（三）

从东汉及其以前的窑址遗存表明，瓷器是由黑陶文化中的原始瓷提升和发展而来的，东汉之前的越窑瓷器有以下特点。

一是越窑瓷器的演变虽缓慢，但在发展。从河姆渡文化中的黑陶演绎成印纹陶，原始瓷又带着印纹陶母体印记，为原始瓷在东汉后期形成青瓷打下基础。

位于诸暨市城东北30公里的阮市柁山坞村前山和后山缓坡上，发现鼎、罐、坛等，器表上就有印网纹、席纹、米字纹以及复合纹等印纹硬陶，在硬度、吸水性、精美度上都比黑陶器具进步很多。

二是早期越窑炼制青瓷与黑釉瓷并存。日本国家一级文物茶具天目碗（天目碗见《径山茶图考》赵大川）出自福建建瓯还是越窑？引起国内外茶界和考古界关注。若是出在福建，为何用浙江天目山命名称天目碗。若产生越州，长时间找不到考古依据，以至人们推测建瓯的黑釉碗盏由僧人从天目山经宁波传到日本。如今，随着对越窑瓷器的深入研究，从上林湖等地考证发现，越窑烧制在原料选择上有所区分，拉坯制品用上等料，而泥条迭筑的则用下等料。烧制青瓷时，胎骨的含铁量愈少愈好，能使釉色青翠，而含铁量高或质粗的原料用来烧制黑釉瓷，在器表上施以黑釉色，以一种"物尽其用"的办法，使黑釉瓷烧制成功，也是汉代制瓷业的一大成就。

一般的坯料加工成黑釉瓷器，在绍兴市的上虞区珠湖就发现了东汉黑釉瓷窑址。窑址位于城西南20公里的汤浦镇珠湖村大乌贼山西坡。器形有瓿、罍、壶、虎子、五管瓶、洗、碗、钟等。施酱褐色和酱黄色釉。用拍印、刻画、堆塑等手法，在器表施窗棂纹、叶脉纹、方格纹、水波纹、席纹和各种飞禽走兽。

三是越窑瓷器追求日常的生活美。奉化区白杜出土东汉熹平四年(175)的井、灶、香熏和同时期的"王尊"铭钟、五联罐等，不仅说明越窑瓷器与日常生活紧密相关，还从出土的实用器可知，瓷器随着时代进程，在器材装饰、纹样制作等方面开始注重简单、朴素的美学艺术。

越窑瓷的烧制技术从黑陶文化而来、从原始瓷而来，其悠久的历史，宽广的地域，在中国几千年的文明史上留下了光辉的篇章。其中，越窑青瓷以产生之早、延续时间之久、影响之大，是中国最古老的窑场陶瓷，其璀璨物质成果，是先民智慧的结晶，也是文明的体现，瓷器成为人类造物史上的"文化活化石"。在完善中国陶瓷史以及人类文化遗产的整理和发掘中，在越窑青瓷的悠久历史和分布的宽广地域中，必然要研究越窑的中心地带和主产区。

全国重点文物保护单位上林湖越窑遗址就是研究的文化工程。

三、天造地设上林湖

（一）

在上林湖的湖光山色中，蕴藏着值得发掘和研究的许多奥秘。

自古陶瓷一家，陶瓷史表明，瓷由陶来，陶是瓷的基础，瓷是陶的发展，瓷的精致，尤其是越窑青瓷，作为中国母亲瓷，她源自河姆渡黑陶文化。在东汉成熟之前，同样经历陶瓷过渡的原始瓷阶段，在古越大地的太湖南岸，郑建明等考古专家发现多处原始瓷碎片，距今四五千年，是夏商国时期。

陶瓷是水、火、黏土、人类的活动和审美共同作用的物体。上林湖把越窑青瓷特色挥洒得淋漓尽致。

（二）

先说上林湖的神秘之处。上林湖地处北纬30.3°，国内外专家学者发现，北纬30°左右是出现世界奇迹的地方。

在地球北纬30°附近，有许多神秘而有趣的自然现象。如美国的密西西比河、埃及的尼罗河、伊拉克的幼发拉底河、中国的长江等，均在北纬30°附近入海。地球上最高的珠穆朗玛峰和最深的西太平洋马里亚纳海沟，也在北纬30°附近，还有埃及的金字塔和巴比伦的"空中花园"。在这一纬度上，奇观美景也比比皆是，如安徽的黄山、江西的庐山、四川的峨眉山和具有七千年文明史的河姆渡遗址。

上林湖瓷片

更值得研究的是中国的名茶，其中很多处在北纬30°±1°之内，有西湖龙井、君山银针、黄山毛峰、蒙顶甘露、洞庭碧螺春、祁门红茶等。西湖龙井产自杭州狮峰山、梅家坞、翁家山、云栖、虎跳、灵隐一带，位于北纬30°15′；洞庭碧螺春产自江苏太湖洞庭山上，地处北纬31°左右；君山银针由湖南岳阳洞庭湖中君山岛上生产，为北纬29°15′；四川蒙顶山所产之蒙顶甘露，在北纬29°58′；安徽黄山毛峰，恰好在北纬30°08′；世界四大红茶之一的祁门红茶产区则在北纬29°35′—30°08′，毗邻这一纬度的还有六安瓜片和信阳毛尖。

上林湖与河姆渡遗址、田螺山遗址相邻，直线距离与河姆渡不过10多公里，与田螺山遗址更近，约为6公里，这些奇迹之地都在北纬30°附近。更有意思的是行政区划，在1954年之前，上林湖属余姚地界，河姆渡属慈溪地界，新中国成立后，行政区划调整，上林湖属慈溪市，河姆渡归余姚市管辖，有关上林湖越窑青瓷史料上写的属余姚县，也为人们所理解，都是地处宁绍地区的浙东风水宝地。

（三）

地处河姆渡、田螺山之北的上林湖，越窑青瓷风采记录如下：

历年来考古调查表明，上林湖及其周围的白洋湖、里杜湖、古银锭湖等分布着古窑址200多处，尤以上林湖分布最为密集。从上林湖及其周围的湖区窑址遗存中发现，窑址的产品面貌特征和装饰工艺等方面完全相同，以上林湖为中心，不断向周围地区扩展，瓷业生产蓬勃发展，形成了一个以上林湖窑场为代表的越窑系列，而白洋湖、里杜湖、古银锭湖则成为上林湖窑场的卫星窑址。

上林湖作为越窑青瓷的主产区，在国内的影响很大，著名的陈桥驿教授曾多次同人们谈及一桩青瓷趣闻。20世纪70年代中期，上林湖还未对外开放，日本一佛教代表团到杭州访问，由陈桥驿教授全程陪同。归程那天上午，代表团要去灵隐寺拜佛，途经孤山时在当时的

蔡荣章（中）考察上林湖

浙江博物馆稍停，那位团长在博物馆里见到了上林湖的青瓷碎片，顿时思绪翩翩，纵横论及，讲了两个多小时，陈桥驿教授不得不佩服境外人士对越窑青瓷的研究功夫，限于飞机起飞时间，那位团长误了灵隐寺拜佛进香不说，最后说的一句话是："不能到上林湖走一走，非常遗憾！"

2005年4月19日，台湾著名茶人蔡荣章夫妇参观上林湖，建议越窑青瓷茶具与名茶配套，彰显茶和茶具特色。

（四）

上林湖由潟湖衍变而成，群山峡谷承接栲栳山溪水，因取土烧陶瓷扩大了水面，洼地成湖，湖面形如桃叶，口狭而腹长，在山环水绕

陈万里

中湖岸线长达20公里，又因地处上林而得名。上林湖与汉代司马相如写的《上林赋》，不免让人浮想联翩。长期以来，上林湖有露天青瓷博物馆之称。

早在20世纪30年代，故宫博物院陈万里先生走出书斋，奔向上林湖山野，在此拉开了陶瓷考古的大幕。经过大量实地调查勘探，1935年陈万里明确指出上林湖越窑"是一个为中国青瓷奠定基础的重要窑

上林湖越窑遗址

址"，也提出了应是秘色瓷产地，出版了《越苑图录》《瓷器与浙江》《中国青瓷史略》等著作，近百年来引起了国内外人士的向往和广泛研究。从当年湖畔成千上万的青瓷碎片，到现在的上林湖越窑国家考古公园。国务院公布的全国重点文物保护单位石碑立于湖岸，旁边有古朴庄重的文物保护所。在荷花芯窑遗址上有复原的龙窑，让人穿越时空，可见生产青瓷的现实场景，简直可与古代劳作的窑工对话。考古认定的秘色瓷中心产地后司岙遗址也在同一湖岸线上。人们可以乘游船前往参观，也可沿湖步行在林间小道上，路边民居瓦屋短墙多由瓷片砌成，人们在观赏湖光山色时，也可领略原始青瓷风貌。

上林湖越窑青瓷博物馆在湖畔低山坡前，外观气势恢宏，馆内展示出大批实物、图片，并以简练的文字介绍了越窑青瓷为中国母亲瓷的历史地位，不远处的上越陶艺研究所，更是人们去上林湖参观的必到之处。

人们在探访上林湖越窑国家考古遗址公园时，既可与青瓷对话，又可领略湖山风光，称得上美轮美奂。

第二章 ◎ 青瓷兴起时期茶具

越窑青瓷由河姆渡遗址上的黑陶文化经漫长时期衍生而来，在经历了原始瓷时期后，到东汉年间制作技术逐渐成熟，尤其是在饮具和茶具等方面。而上林湖一带窑址集中之多、年代之早、成熟时间之长，为别处所不及。到南朝后期，因社会原因，一度停滞不前，但瓷脉不断，青瓷文化绵延，为唐宋时期越窑青瓷鼎盛提供了历史基础。

东汉四系罐

三国东吴网纹碗

一、初期成熟的青瓷茶具

（一）

瓷器的发明是古人在长期制陶过程中，不断总结制作陶器工艺的成果。上林湖越窑青瓷从河姆渡文化中的黑陶文化衍生而来，到了东汉年间，出现了越窑青瓷茶具。

东汉时期距今已有2 000年左右，越窑青瓷茶具在历史的曲折发展过程中，有停滞、有发展，从不同视角审视往往有不同的见解。宁波著名考古学家林士民研究员著有《中国越窑瓷》一书，把越窑青瓷分为两个历史阶段来剖析，即早期越窑与越窑，得到了陶瓷界、史志界的肯定，认为符合事物波浪形发展的客观规律，厘清了越窑青瓷发展的脉络，更加明确越窑瓷为中国母亲瓷的地位。早期越窑年代为东汉至六朝时期；越窑为唐朝五代两宋时期。

（二）

新石器时代的黑陶文化穿越历史到东汉时期，尽管原始的生产力不发达、社会发展缓慢，但终究是在发展。河姆渡先民用瓷土做原料，烧制出各式各样的陶制器皿，为夏商周时期的原始瓷生产创造了条件，当时上林湖一带出产的青瓷与北方流行的青铜器相比，制作简单，价廉物美；与陶器比较，原始青瓷又坚固美观，还便于清洁。

要说当时的青瓷茶具，其概念尚在进展过程，研究汉代茶具的唯一文字依据只有四个字"烹茶尽具"，那是西汉时王褒《僮约》所

原始瓷

东汉瓷壶

记，收录在《艺文类聚》等古籍中，说的是主人王褒雇佣仆人的协议，"烹茶尽具"可解释为烹茶的器具必需完备，也有解释为烹茶的器具必须洗涤干净，但不管哪种解释，说明在汉时已开始有固定的茶具。而仅凭这一处文字并不能说明已有专用茶具，这器具也许还停留在饮具、食具一物多用时期。

考古出土的实物遗存远比文字描述的要清晰得多，河姆渡黑陶文化中的各种陶制器皿为后人研究茶具打开了大门。东汉时期，经历诸子百家争鸣之后，道家提倡天人合一，儒家强调礼仪仁爱，释教佛学讲究清静寡欲，千年儒释道，万古山水茶，几乎离不开茶和茶具，研究东汉茶具从器皿中分化出来，在江南越窑地区又有其独有的基础。

东汉时，浙东文化发达。河姆渡遗址的发现，表明长江流域与黄河流域一样，同为中华民族发展的摇篮。越窑青瓷地带经济文化繁荣，出现了著名的唯物主义思想家王充，这位上虞籍的东汉人士，著有《论衡》一书，主张社会生活中美与真的统一，提出生活中的"真美"，而茶和茶具的内涵正是追求真美生活所需要的、所向往的。

东汉时期，越窑青瓷茶具已从原始青瓷过渡而来，在黑陶文化引领下，东汉青瓷兴起发展，形成初期的青瓷茶具。

（三）

我们从上林湖越窑青瓷遗址中出土瓷存碎片，以"上Y"编号叙述初期盛产青瓷茶具的特点。

1. 陶瓷产品在人们日常生活用具中占有相当比重，为陶器皿到瓷饮具的演化创造了条件　从上林湖挖掘出的九处东汉时代遗址来看，瓷器的生产规模大。在上林湖周家岙"上Y78"号遗址可知，东汉、三国时期，在周家岙地表上可见瓷片散布面积约为2 000平方米，堆积断面厚0.6米。产品有罐、罍、钵、洗、碗、盏等；施青釉、褐色釉；器表装饰采用拍印，纹饰有席纹、网纹、蝶形纹、重线波浪纹、铺首和弦纹等，窑具有筒形垫柱、垫饼和三足支钉等。在"上Y48"号遗址上，那里现为桃园山，在东汉、三国时期，可见瓷片散布面积约为2 100平方米，断面堆积厚1.2米。产品有罐、罍、钵、尊、碗、盏等，施淡青釉。纹饰以波浪纹为主，还有席纹、蝶形纹、羽毛纹、网纹等。窑具有筒形垫柱、垫饼、三足支钉。窑址保存较好。从多处遗址的出土遗存物中发现罐、碗、盏等，虽然不能断言是专用茶具，但可以知道也是人们饮用食具中的饮茶器具。

2. 初期的越窑青瓷从饮用食具转化为茶具，品种多　上林湖"上Y15"号大庙岭窑址、"上Y22"号横塘山遗址、"上Y25"号黄鳝山窑址上，都发现东汉时期各种饮用食具并兼用茶具的器皿。"上Y102"号黄鳝山窑址保存完好。地表可见瓷片散布面积约为2 400平方米。产品有罐、罍、壶、钟、钵、洗、碗、盏等；施青黄釉和褐色釉，大多数为淡褐色釉，部分釉层呈橘皮状；器表装饰为拍印和划纹；花纹有弦纹、重线波浪纹、席纹、网纹、蝶形纹、窗棂纹等。窑具有筒形垫柱、垫饼、三足支钉等。

3. 初期越窑青瓷茶具在东汉出品，在日常生活中，有追求美好的内涵　尽管从原始文明脱胎而来，瓷土中铁的成分经烧煮后釉色呈青绿，由于烧煮时铁的含量不一，比起后期唐代青瓷，显得粗糙。但在追求美观的釉色和纹饰上，这里选录东汉时期上林湖部分产品的釉色和纹饰的具体情形，足以了解东汉时青瓷的美。

"上Y11"号吴石岭，地表可见瓷片散布面积约为200平方米，断面堆积厚0.6米，部分堆积被"上Y10"号堆积所叠压。产品有罐、罍、壶等，施青釉。器表拍印窗棂纹、网络纹、席纹、羽毛纹等。窑具有喇叭形垫柱、垫饼等。窑址破坏严重。

"上Y94"号黄婆岭，地表可见瓷片散布面积约为500平方米，断面积厚0.6米。产品有罍、罐、壶、钟等；施青釉，也有少量的褐色釉，釉层薄而不均；器衣装饰用拍印，花纹有网纹、窗棂纹、席纹等。窑具有束腰垫柱、垫饼等。窑址破坏严重。

"上Y98"号木勺湾，地表可见瓷片散布面积约为150平方米，断面堆积厚0.3米。产品有罍、钟、罐等；施青黄釉，釉层不匀，有泪釉现象；拍印花纹有网纹、蝶形纹、窗棂纹等。窑具有筒形垫柱等。窑址破坏严重。

"上Y99"号普济寺，地表可见瓷片散布面积约为160平方米。产品有罍、钟、罐等；施青黄釉；部分器表拍印网纹、窗棂纹等。窑具有筒形垫柱、三足支钉等。

东汉时期的越窑青瓷茶具延续到三国两晋南北朝，作为中国母亲瓷的代表，又进一步呈现其风采。

二、青瓷茶具的发展时期

（一）

魏晋南北朝时期，浙东地区为三国时东吴、西晋、宋、齐、梁、陈疆域。从东汉至梁代的300多年中，瓷器生产有张有弛，茶具从越窑青瓷早期演绎进化，转向初期的发展时期较长。

六朝古都均设在建康（南京），经济重心向江南地区转移，加之北方战乱频繁，百姓大量南迁，地方政府"劝课农桑，垦辟土地"，重视农业生产，当时的余姚、句章、鄮、鄞等地人口增多，百姓生活富庶，与酒相应的茶在人们生活中地位提升，饮茶风气渐盛，青瓷茶具与盛世兴茶相伴，与东汉时期相比，呈现独特风尚。东吴朝廷宴请群臣中就有"以茶代酒"的范例。

据晋朝陈寿的《三国志》记载，东吴国君孙皓每次大宴群臣，每位座客至少得饮酒七升，虽然不是全喝进嘴里，也都要斟上并亮盏说干。有位叫韦曜的酒量不过二升。孙皓虽是个暴君，却对韦曜特别优待，担心他不胜酒力出洋相，便暗中赐给他茶来代酒。"以茶代酒"一事直到今天仍被人们广为应用，成为大方之举、文雅之事。由此可知，宴会上茶具酒盏难辨，也许一物两用，也有专用茶具。孙皓早先被封为乌程侯，乌程在今湖州，那里多越窑青瓷，青瓷茶具在众多食用饮具中日渐趋向专门化，特别是在大户人家。

越窑青瓷茶具的进化与茶业的发展必然存在相互依存的关系。试想，如果没有茶叶，茶具还有何用？青瓷茶具的产地余姚有四明山脉，当时产茶，而且有名茶，浙江省唐代之前有文字记载的四大名茶之一，为御荈、盖竹山、天台大茗、余姚仙茗。由于古代天台、四明同为一山，统称天台山，有人考证余姚仙茗和天台大茗在唐之前有可能把名茶一地写成两处，后人记在天台山名下，也记在四明山中，依据的文本为西晋道士王浮的《神异记》。文中记述"汉仙人丹丘子告诉余姚人虞洪，山中有大茗，可以相给"，此后，虞洪"获大茗焉"。这大茗在唐陆羽《茶经》中被命名为"仙茗"，《浙江省农业志》记述这是"浙江省茶叶的最早记载"，并收录《神异记》全文。《神异记》不但记述茶，也记茶器"瓯牺"。

（二）

根据茶业发展研究当时的茶具，很有必要了解"余姚人虞洪"，因他"入山采茗"遇丹丘子，一般认为他是一位采茶叶的茶农山民。余姚市茶文化促进会梁弄分会首任会长陈文荣同志，长期生活、工作在虞洪采大茗的所在地梁弄，综合各种传说和有关史料，经过梳理，认为虞洪并非一般的茶农，至少是位有文化的爱茶之人，才会得到仙人的青睐和关照。通过探索虞氏家族历史也足以佐证。

据乐承耀教授著《宁波农业史》介绍，汉代到西晋太康年初，余姚只有3 000户人家，10多个姓氏。到南朝宋时，虞姓人家则是余姚望族。自东汉日南郡太守虞国开始，世代为官，据史籍统计，自三国到唐初几百年间，虞氏子弟正史有传者达11人，仕宦而名见史册者40余人，封侯者7人，官至三公九卿者10多人，其他为郡

西晋羊头碗

守、县令者不计其数。而且人才辈出，涉及经史、天文、金石、医药、饮食等多个领域，有骑都尉虞翻的易学研究，虞喜的天文学研究，虞学的史学研究，以及虞潭的娱乐研究和虞悰的饮食文化，民间就有"一部余姚志，半部虞家史"之说。虞氏从东汉始，家族兴盛达16代，虞洪就生长在兴盛的望族中盛之家。据《姚江文化史》记"虞氏在政治上拥有很大势力和较高地位"，形成了很大的地主庄园，用人雇工之多，当时按人口纳税。《姚江文化史》载："当时余姚全县人口不过三万名，虞氏私藏人口竟占全县人口的十分之一。"指的是东晋山遐为余姚令，普查人口，共查出"私附"人口1万余，而虞氏达3 000多人，可知虞洪在庄园里深谙茶事，过着舒适悠闲的生活，待到采春茶时节，上山采茶乃是雅事一桩。虞洪对茶自有一番深究，才能使仙人丹丘子知其"善具饮"。细读《神异记》原文，虞洪只是从丹丘子那里得到大茗所在地，真正"获大茗焉"是他"后领家人入山"。文中所指家人，并非现代意义上的家中成员，古代所指的是"家中仆人"。

当时虞洪所在的庄园人家，饮茶的茶具必然讲究。《神异记》中也写到"瓯牺"，后人注释为"木勺"，也可理解为瓷瓢，或者两者都存在于社会。茶具从饮食茶具中开始分门别类，专用青瓷茶具出现，只是数量质量因在初期，与后来的无法相比。

直接点到青瓷茶具的，还有杜毓的《荈赋》。杜毓和王浮一样都在洛阳，杜毓在洛阳为官，王浮是洛阳道士。越窑青瓷茶具和余姚茶叶大茗，在京都洛阳声誉鹊起。王浮写丹丘子示余姚人以大茗，杜毓写青瓷茶具，使之今人可读到其当时文字：杜毓《荈赋》中记"器泽陶简，出自东瓯"。其中有的版本把"简"写成"拣"，把"瓯"写成"隅"。据《世界茶文化大全》载，对不同版本，有各种解释，认为"拣"与"简"通假。这句话的意思是茶具要选择由陶发展而来的瓷器，而瓷茶具出自浙东著名的窑场。杜育在洛阳，所写浙东是广义的，现在我们所指的浙东地区多指宁波、绍兴、台州一带。历史上广义的浙东泛称钱塘江之东，除了现在所指的浙东地域外，还包括金华、温州等地。浙江东部产青瓷茶具的，上林湖理所当然包括在内。

<h2 style="text-align:center">（三）</h2>

三国两晋南北朝时的越窑青瓷茶具发展初期，反映在青瓷已广泛应用于社会生活，反映了古代崇尚青色的审美标准，造型上更注重文化因子。

青瓷已广泛应用于社会生活各个方面直至明（冥）器。用青瓷制作的各种罐、盏、杯、碗、香熏、水盂、盘、托具，以至瓷炉、虎子，在人们的日常起居中不仅广为涉及，而且还表现在殉葬的明器中。古人的丧葬观念为"视死如生"，墓葬文化由俭入奢也正是在越窑青瓷初期，考古发现丧葬中有众多社会所用青瓷制品之外，有男俑、女俑、

东汉船形鬼灶

仕女俑、武士俑，甚至狗圈、羊栏、牛厩、鸡笼等，还置有大小不等的船形鬼灶。浙江省博物馆藏有西晋永宁二年的船形鬼灶，长14.5厘米，宽10.5厘米，高8.5厘米，器形为船状，顶部有两孔，各置一釜，中尖开一方形火门，内外施青釉。有的鬼灶上置有釜、甑、勺等。

越窑青瓷发展初期反映古代崇尚青色的审美标准。当时烧造的瓷器制品题材广泛，装饰的技法比东汉更为多样，有杉叶、蕉叶等植物，更有大量的动物形象装饰，使器具更有生气，包括鸡、羊、牛、虎、鹰等禽兽，而且一概体现青色，由于瓷土的含铁量越来越高，烧制的窑温要在1300℃左右，因其不同烧法的瓷器坚硬度不一，使其所显青

色略有不同，有翠色、蓝色、深绿以及绿中带黄等。

当时上林湖一带的宁绍地区经济富裕，上林满目青翠，为古人崇尚青色，发展青瓷创造了静美的地域环境。在古代，青、赤、黄、白、黑称作"五方正色"，乃是尊者享用的颜色，为江南地主庄园所青睐。器物中以堆塑罐为例，由东汉时期五联罐演化而来。五联罐上部有五个小瓶相连，下部为圆腹的平底罐，整个器具拉坯、装饰粗犷，但造型优美，收藏在鄞州区文管会的五联罐可见，五个小瓶堆塑着姿态各异的人物和龟鳖等，而到青瓷发展初期，演绎成堆塑罐，体现了江南地主庄园的经济实力。在余姚郑巷出土的堆塑罐，上部为一组典型的地主庄园建筑群，中部堆塑了栖息成群的飞鸟，有龙凤、瑞兽、间饰佛像、楼阁；下部楼阁间有高鼻的胡人守卫，还有舞乐，耍杂技，中间题有"元康四年九月九日·越州会稽"字样。整体堆塑，釉色青黄，错落有致，形象生动。罐下部还贴饰龙、凤、辟邪、朱雀、骑士等。堆塑罐是当时青瓷器具的代表，其中不乏茶具元素，乃是庄园里不可或缺的器具。

越窑青瓷发展初期已有丰富的文化因子。崇尚青色，注重明器以及多种瓷具中文化因子，体现出了实用和审美的结合，其中鸡头壶为这一时期的突出青瓷制品。越窑青瓷地区出土多种不同时期的鸡头壶，由西晋象征式的实心到东晋实用的空心，尤以1995年余姚市兰墅桥五星墩出土的黄鼬（黄鼠狼）提梁鸡头壶为例，口径11.9厘米，底径12厘米，高23.7厘米。壶口为盘口，矮颈、溜肩、鼓腹、平底。肩部

西晋鸡头壶

有联珠纹、弦纹、网格纹，组成带式布于一周。越窑匠师在形象塑造上别出心裁，用幽默的造型艺术将鸡和黄鼠狼组合成鸡头壶，上塑高高的鸡冠，鸡颈前挺，尖喙开张，引吭报晓，羽毛丰满，是光明之象征。而鸡首上方的提梁则做成黄鼠狼形，对准鸡冠要想觅食咬鸡的态势，习惯上黄鼠狼要吃鸡，黄鼠狼似乎是强者，鸡则是弱者。但弱者之鸡在鸡头壶上雕塑得丰满雄壮，挺拔有力，具有阳刚之气，而鸡的天敌黄鼠狼的形象则刻画得瘦长、细小、阴柔凶残，其巧妙组合的用心与精彩由此可见一斑。全器均施青釉，胎质坚实，装饰艺术的题材别具一格。

这一时期鸡头壶的出现与我国古代崇鸡的风俗习惯有关。从新石器时期发现的家禽鸡骨，到黄河、长江流域很早就有崇鸡习俗，鸡与"吉"谐音，寓意大吉大利。古人还认为鸡具有文、武、勇、仕、信五德。东晋陶渊明在《归田园居》中有"鸡鸣桑树巅"的诗句，东晋祖逖有"闻鸡起舞"的典故。雄鸡有报晓司晨作用，又为日常生活中常见家禽，鸡头壶的出现，盛行于三国末至隋朝，多处地方战事频繁，鸡头壶上雄鸡头多配有龙形把柄，寄托了人们对吉祥如意生活的向往。

鸡头壶的造型使其发挥了茶具的作用和意义，大大丰富了晋代青瓷茶具的文化内涵。

三、青瓷茶具的停滞时期

（一）

初期越窑青瓷茶具从原始瓷走来，比青铜器容易生产，比陶器精美。在几百年的发展过程中，如同其他事物一样，有前进、也有挫折，有高峰、也有低谷，在南朝后期梁陈时代，青瓷茶具发展缓慢以至处于停滞衰落状态。

在东晋时期，从上虞曹娥江两岸窑址遗存情况看，比西晋时期减少了一半，器物的造型和装饰与西晋后期也无多大变化。青瓷的停滞与社会生产力遭到破坏相关。当时自耕农、半自耕农遭受残酷剥削和压迫，豪门望族享有经济特权。南朝统治者加重对农民的赋税征收，又纵容豪门望族、富商巨贾争夺土地。失去土地的农民沦为佃客和奴婢。处于水深火热中的南朝农民还遇到当时侯景之乱的兵害。浙东地区天灾人祸，战乱频繁。

可以想到，处在水深火热的浙东人们虽有初期越窑青瓷的发展时代，但到南朝后期，茶业连同青瓷茶具遇上厄运，瓷业生产处于停滞和衰落。

青瓷茶具出现停滞衰落的另一原因是邢窑白色瓷在北方兴起，形成"南青北白"的局面，对越窑青瓷产生一定的负面影响。

（二）

南朝青瓷生产处于停滞、衰落阶段，但并不意味着绝迹。因其文脉所至，瓷器茶具的生产并未中断。由于佛教的盛行，青瓷茶具如同前朝一样，也有创新，这得从当时的佛教说起。

"南朝四百八十寺，多少楼台烟雨中。"佛教广泛流行，据《中国佛教》（中国佛教协会编，东方出版中心，1996年版）第一辑记：寺院、僧尼之多，宋有寺院1 912所，僧尼36 000余人，到了梁代，有寺院2 846所，僧尼82 700余人。而当时像余姚这样的大县，总人口也不到3万人（《宁波人口史》乐承耀著，宁波出版社，2017年12月版）。

自从东晋道安制订念诵仪制之后，南朝寺院诵经成风。《古今图书集成·神异典·释教部》记"朝夕从僧徒礼育"，可知僧尼诵经，可克服神疲口渴之状，就产生茶禅、茶具。

南朝制瓷业中产品和前代一样，有碗、钵、盘、盏托具、罐、碟、杯、壶、天鸡壶、尊等。当时鸡头壶盛行，以其中的天鸡壶为例，器身瘦长，鸡头高冠尖嘴，制品形式较为固定。而青瓷茶具中，南朝最有特点是装饰上的莲瓣纹，盛行莲瓣纹与社会背景息息相关，南朝统治者推崇佛教，不但用大量的金钱修佛寺、造佛像，佛寺和僧徒都有

南朝鸡头壶

享受政治及某种经济特权。佛教文化的发展，梁武帝萧衍笃信佛教，大力推行"三教同源"，成为人们尘世的精神安抚，追求心灵归宿的一种信念。佛教文化中出现茶禅一味现象，寺院僧侣种植茶树，居士、香客众多饮茶参禅，促进了饮茶器具的大量需求，而首选的便是越窑青瓷。在各种青瓷器物及茶具上都有佛教文化的荷花纹、莲瓣纹印迹，南朝时已出现佛像上的荷花座及手捧荷叶的器钵。

莲瓣纹反映了"清净高洁"的佛教意义。荷（莲）花别称芙蕖。《尔雅·释草》"荷，芙蕖，其实莲"。许慎《说文解字》："荷，芙蕖叶……芙蕖之实也。"荷、莲，是这观赏性农作物不同部位的不同称呼。其"出污泥而不染"，被文人雅士称之为"有君子之德"，常出现在文学作品中，如《离骚》："制芰荷以为衣兮，集芙蓉以为裳。"又如《汉乐府》："江南可采莲，莲叶何田田。"以至社会上应用的碗、盅（盏）盘等器

南朝莲瓣纹碗

南朝青釉莲瓣罐

物外壁与内壁均施有莲花瓣，分别有单瓣、覆瓣、线条，线条与花瓣施展自由，多少不一，有的器底饰莲子纹，鸡头壶的腹部也饰莲子纹。

从上林湖"上Y18"号的南朝遗址出土的文物看，平底盘的饰纹，与宋元嘉十二年（435）出土的盅相同，碗的莲瓣纹与奉化南朝天监年间（502—519）出土的相同，尖度莲瓣纹盘在上林湖出土，与瑞安芦埠梁天监元年出土的装饰一样。上林湖鳖裙山窑场出产的荷花瓣纹大盏托是很典型的，盏托直径28厘米，在盘面中间突起边墙式托圈的直径约8厘米，用以固定茶盏，圈墙处刻画辐射状20片荷花瓣是至今见到的最早、最大的越窑青瓷盏托标本。

第三章 ◎

青瓷鼎盛时期茶具

青瓷茶具与茶，本是茶文化历史中两道平行发展的事物轨迹。大唐盛世让两者你中有我，我中有你，水乳交融。越窑青瓷茶具质精韵美，"青则益茶"，受到历代人士的垂青，在中华茶文化的深厚内涵中，有其不可或缺的突出地位。

法门寺

法门寺地宫出土的秘色瓷

后司岙考古现场

一、茶文化的兴盛与茶具

（一）

大唐帝国，盛世兴茶、茶具相伴，随之崛起。

大唐是我国封建社会中极为强盛时期。唐朝结束了东汉末年以来四百多年的混乱割据和外族入侵局面，吸取了隋朝农民大起义的经验教训，在制度和政策方面一定程度上照顾了农民的利益和要求，因而形成了国家空前统一，国力强大、经济繁荣、社会安定、文化发展的局面，为茶文化的形成提供了政治、经济、社会等方面有利条件。

南方的茶叶产地与全国各地的商贸往来繁荣了唐代的商品经济。白居易所著《琵琶行》中生动地描绘了："商人重利轻别离，前月浮梁买茶去。"茶商们为利益所驱使，离妻别子，长途贩运，出现了"茶自江淮来，舟车相继……"（《封氏见闻录》卷6《饮茶》）。茶叶在经济活动中扮演了重要角色，同时也推动了制瓷业的发展。

文化导向充实了茶文化的内涵。唐朝采取多种形式刺激茶业经济的发展，皇室把茶叶作为祭祀、礼佛、赏赐之物。唐朝国力强盛，有制度保障，唐代皇室崇尚茶，建立贡茶制度，贡茶制度提升了茶叶物质的、精神的品位，制度的规范化影响后世的茶文化，促进民间茶风、茶俗的普及。唐朝又实行茶叶专营，设立茶税，这是前代从未有过的现象，茶税从物质层面上对茶叶的经营和消费产生积极的影响，加强了南方与北方的联系，边疆与内地的交往，增加了国家的财政收入，也促进了茶叶在更大地域内的消费。

从经济上看，茶文化的形成有坚实的社会基础。唐朝疆域辽阔，农业部门商品化程度提高，茶风盛行，四方纷纷来朝觐见。朝廷为彰显国恩，一方面举办宫廷茶宴，招待四方使节，另一方面也把茶叶作为回赠礼物，使得茶和茶文化逐渐推广到周边地区，朝廷还赐茶给回纥、吐蕃以及北方少数民族以示安抚。此外，唐代的文人雅士从饮茶品茗活动中，探寻自然之美，品赏生命之乐，体悟人生之理，提升茶的审美价值，他们用妙笔诠释茶的真谛。以《全唐诗》为例，收录唐代茶诗600余首，涉及诗人140余位，题材包括咏名泉、咏采茶、咏名茶、咏茶具、咏茶礼、咏茶会等，著名的诗人包括李白、杜甫、白居易、陆羽、陆龟蒙等。唐代文化的导向为茶文化的形成发展提供了厚实的土壤。

唐代茶文化的形成有政治的、经济的、文化的客观基础，最后还于茶的本性，其本性的优势是茶酝酿、沉积成厚重的茶文化根本。丰富多彩的茶文化有物质层面上的，也有精神层面上的，更有通过物质层面体现精神层面深邃的文化内涵，茶具即是其中典型。青瓷茶具在唐代茶文化形成发展中有着举足轻重的地位。

（二）

唐代秘色瓷茶具

唐朝之前的青瓷茶具往往是与其他饮具共用，称之为酒具、食具、盛器，都可以，只是在饮用茶时称为茶具，具体有碗、盏、盘、钵、托、壶、瓶、盆等。虽然在茶文化未形成之前，青瓷茶具在人们的日常生活中大多是一物多用，但相对来说，作为专用茶具的使用频率越来越高。西晋杜毓的《荈赋》对茶具的描写提到"器泽陶简，出自东瓯"。后人认为杜毓提到的茶具，与他同时代的王褒在《僮约》中写到的"烹茶尽具"相似，这"具"为容具，称茶具。由此也可以说茶具到唐代已有相当长的历

唐代秘色瓷茶具

史底蕴，在唐代茶文化形成和发展时，出现专用的青瓷茶具，其历史条件已十分成熟。

茶具又称茶器、茶器具，有广义和狭义之分，广义上泛指完成茶叶泡饮全过程所需的设备、器具及茶室用品；狭义的茶具主要是指泡茶和饮茶的用具，即以茶盏、茶杯为重点的主茶具。就以主茶具来说，在记述青瓷茶具之前，有必要了解自古至今各式茶具品种，有传统瓷质茶杯、瓷质盖碗、细瓷茶盏、紫砂壶（包括宁波有名的玉成窑文人紫砂）、玻璃杯、热水瓶胆、保温杯等。

（三）

唐代名窑有"南青北白"之称，指的是越窑青瓷和邢州窑白瓷。对于爱茶人来说，用青瓷茶具，青则益茶，用青瓷茶具冲泡绿茶，茶汤与茶具浑为一色，绿盈可爱，可以说，茶因青瓷茶具而美意飘香，瓷因茶的冲泡令人爱不释手。在盛唐时期，人才济济，韩偓的《横塘》诗中有句："蜀纸麝煤沾笔兴，越瓯犀液发茶香。"孟郊写青瓷茶具的透彻明亮，写出无中生水名句："蒙茗玉花尽，越瓯荷叶空。"

在记述上林湖越窑青瓷茶具与唐代茶文化时，虞世南则是一个特殊历史人物，在茶文化史上也是不可或缺的，而他的故里就在上林湖越窑遗址范畴内的杜湖山村。

虞世南（558—638），唐初书法家、文学家，字伯施，越州余姚人，官至秘书监。长期以来虞世南的名望和才气盖住了他在茶文化上的成就。其实，他的故里杜湖之西南就有越窑青瓷遗址多处，其中有八处窑址，它包含在以上林湖为中心的窑址群落内，即上林湖越窑包括其相邻的杜湖、白洋湖等。在越窑青瓷文化氛围浓厚之地，青瓷茶

虞世南故里

具及江南当地名茶对其不无影响。《中国茶文化经典》就较详细地介绍了虞世南《北堂书钞·茶篇》一书，该书选录了唐之前有关茶的诗赋名作，包括晋代杜毓的《荈赋》、张载的《登成都楼诗》、王浮的《神异记》，辑录的内容有"获茗""卖茶""鬻茗""芳茶冠六清，溢味播九区""愦闷恒仰真茶""益思少卧，轻身明目"等。

唐代茶文化从初唐时期开始形成、中唐时期发展、晚唐时期成熟，其中又以中、晚唐时期陆羽及其《茶经》为标志，出现了唐代茶文化鼎盛的局面，包括茶区的扩大，饮茶习俗的普及，制茶技术的进步，茶具、名茶的发展。唐代茶和茶文化在历史上对中国茶文化起到开创、奠基的作用。茶文化是中华民族亲和力、凝聚力的最好表现，唐代又以茶文化影响世界，成为与国际交流的载体。唐代茶文化的重大意义，不仅在茶文化本身，而在弘扬中国传统文化中起到积极的推动作用。

越窑青瓷茶具在唐代茶文化鼎盛时期，与茶相得益彰，流光溢彩。

二、登峰造极的青瓷茶具

（一）

唐朝是我国封建社会经济和文化最繁荣的时期，饮茶之风也为之盛行，茶文化成为传统文化的重要组成部分。茶文化的发展带动茶具的发展。茶具首次从食具、酒具中分离出来，自成一个体系。

唐代青瓷

唐代从皇帝到庶民，对茶的功效认识，比以前大大提升，认为"茶与醍醐、甘露抗衡"。以茶代酒、以茶为礼、以茶送行、以茶励志、以茶代奖、以茶祭祀，茶渗透到生活的方方面面，人们已经不满足于茶对于生活上的需要，而是将饮茶提升到文化的高度，把生活需要同精神追求紧密结合起来。唐皇室不仅要臣民贡茶，还要贡天下著名茶具和名水。唐代诗人张文规有《湖州贡焙新茶》诗"凤辇寻春半醉回，仙娥进水御帘开。牡丹花笑金钿动，传奏吴兴紫笋来"。皇帝尝茶，宫廷用茶，"天子未尝阳羡茶，百草不敢先开花"。宫廷中茶与茶具的高品位，成了盛唐气象的生动体现。

1987年，在陕西省扶风县城北10公里的法门寺，出土了一批皇帝御用的真品，是迄今世界上发现最早、最完善、最精致的茶具文物。这批最高品位的茶具体现了大唐皇朝对茶文化的重视和对佛祖的虔诚。

法门寺地宫出土的秘色瓷

现将法门寺发现唐代宫廷青瓷茶具的情况介绍如下：

唐代宫廷茶具的发现：

法门寺是我国古代安置释迦牟尼佛骨舍利的著名古刹，皇家寺院。法门寺始建于东汉，寺因塔而建。法门寺塔，又名"真身宝塔"，因葬有释迦牟尼的手指骨一节而得名。塔初建名阿育王塔，唐贞观年间改建成4级木塔。法门寺塔30年开启一次，把佛骨请出来让世人瞻仰。在唐朝300多年历史中，有6位皇帝迎奉过佛骨。第17位皇帝唐懿宗于公元873年最后一次从法门寺地宫中请出佛骨，迎到长安供奉。但礼佛仪式还没结束，这位皇帝就突然去世了。继位的唐僖宗只有12岁，他登基后的第一件事就是归送佛骨回法门寺。公元874年，随着巨大的铁锁把最后一道石门锁上，佛指舍利被长久封闭在地宫。

木塔在保存了1 502年后，于1569年在地震中倒塌。1579年，扶风县佛徒募化钱财，开始重建真身宝塔，历时30年，将原来木塔改建为13层八棱砖塔。1985年，陕西省政府决定仿制明代的砖塔重建新塔。1987年2月在重建塌毁的"真身宝塔"时，发现塔基下面有座用石料修建的秘密地宫石室，经过考古发掘发现唐朝皇室封存于石室的稀世珍宝，供奉佛骨舍利的大批金银器、陶瓷器、石雕、丝绸、服饰等文物600余件，地宫珍宝的数量之多、品种之繁、质量之优、保存之完好、等级之高，在唐代考古上前所未有，对研究唐代的政治、经济、文化、宗教、科技、艺术、中外交流等具有极重要的学术价值。这是唐代皇宫秘藏珍宝的一次重大发现，被誉为继秦始皇兵马俑后的"世界第九大奇迹"。

法门寺地宫所藏宫廷茶具与陆羽《茶经》记述的民间茶具互为补充，使人们对唐代茶具有了更加完整、清晰的认识，尤其是对唐代宫廷茶文化的认识，它表明中国在唐代时宫廷饮茶风气已十分盛行，尽管在这之前，我国已有饮茶的茶具和风俗的文字记载，但并无实物为证。法门寺地宫出土的整套茶具正是唐朝饮茶之风盛行的有力物证，为研究我国茶具历史和饮茶习俗提供了有力的佐证。

法门寺地宫中还有以往考古活动中从未见过的"物帐碑"，详细记载着唐代诸帝每次送还佛骨后所进献的各种珍宝的名称、种类和数量。正是这一非同寻常的、本身也被认定为国宝级文物的"物帐碑"，撩开了秘色瓷神秘的面纱。

"瓷秘色碗七口，内二口银棱；瓷秘色盘子、碟子共六枚"。"瓷秘色"三字令所有的考古人员又惊又喜，激动难抑。在接下来的发掘中，人们果然从地宫中室的瓦砾堆里找到一只盛满瓷器的漆木盒，里面的13件盘碟与物帐碑记载完全相符。此外在漆木盒外还有一只精美绝伦的八棱长颈净水瓶同为越窑秘色瓷无疑。

唐懿宗供奉佛指舍利的无价之宝，穿越千年的时空，一件件呈现在人们眼前：它们质地细腻致密，造型优美柔和，色如山峦之翠，釉似玉石之润，尘封千年仍晶莹如新。最令人惊叹的是，

法门寺地宫出土的"物帐碑"

在光线的照射下，碗盘内明澈清亮、玲珑剔透，像是盛着一泓清水……

（二）

法门寺秘色瓷的出土，结束了考古界探求秘色瓷的千古悬案，第一次以确凿无疑的实物，证实了秘色瓷的存在，并为它的鉴别提供了可以断代的标准品。经高科技无损检测手段对它进行分析后发现，秘色瓷胎质和釉层的化学成分独具特色。

经考证实物后，绝大多数学者认为，秘色瓷之"秘"系指产品的色泽，纯正的"秘色"应是一种青中泛湖绿的釉色，法门寺秘色瓷大多即为这种颜色，这是越窑青瓷中极为罕见的一种色泽。

专家考证，物帐碑上所记的"瓷秘色"碗、盘子、碟子等青瓷茶具及净水瓶皆出自越窑。但"瓷秘色"和"秘色瓷"有何区别？存在什么差异？2019年清华大学美术学院教授尚刚研究法门寺地宫出土的

青瓷，从釉色有"青色""青灰""青黄"之异，提出"秘色"两字可拆开来解读，"秘"作为形容词，常指与帝王有关的，如禁苑称"秘驾"，宫廷藏书称"秘阁"，制诏之所称"秘庭"。而"色"字的解释一般指的是颜色，但人们忽略了字典条目中注的另一种意义，指"种类、类别"，这一词义后人还常用有"清一色""各色人等"。唐代著名政治家陆贽《奉天改元大赦制》对"色"的理解也是种类，有句："诸色名目，悉宜停罢。"法门寺地宫石碑上的物帐碑记的是"瓷秘色"，并非"秘色瓷"，这两者细加分析，其区别在于"秘色"是指入贡的品类，"瓷秘色"从青色考证，入贡的越窑青瓷为宫廷所用一批茶具，青色大体一致，略有差异。不过，"瓷秘色"和后人沿用的"秘色瓷"从根本上讲，指的是宫廷用的高档瓷器茶具，也就称为贡瓷，生产贡瓷的窑口称为贡窑。从其青色来看，这"秘色瓷"的称谓在晚唐五代北宋沿用，直至当代把"瓷秘色"约定俗成说为"秘色瓷"也无不可。

法门寺地宫出土的越窑青瓷（茶具），有其一定的历史地位。这就是千百年来人们梦寐以求的秘色瓷，到清代乾隆年间，宫中奇珍异宝堆积如山，无所不有，唯独缺少秘色瓷。以至嗜茶的乾隆皇帝感叹："李唐越器人间无。"大唐的帝王曾"穷天上之庄严，极人间之焕丽"于宫廷中，选择秘色瓷作为一种最高级别的礼物送至法门寺，以表自己对佛祖的虔敬。这些贡瓷代表了当时中国乃至世界制瓷工业最高水平。

后来一直把法门寺地宫物帐碑上记的"瓷秘色"称作"秘色瓷"，若做详细分析，也有区别，用"秘色"两字形容越窑青瓷，除了指其宫廷独用的高贵品质之外，也包含其工艺的神秘莫测，以至到北宋时赵令畤在《侯鲭录》中记为："今之秘色瓷器，世言钱氏有国，越州烧进，为供奉之物，臣庶不得用之，故云秘色。"其实，从秘色瓷的发展历史看，经历了唐、五代十国到北宋，这一时期长达两百余年，久盛不衰，成为千古绝唱，表明秘色瓷的工艺水平并不只限于宫廷，而在窑工生产中不断变化。

五代吴越时期，贡瓷频繁，越窑青瓷的身价不断升高，据林士民《中国越窑瓷》记，当时就有一些零星记录，如："清泰二年（935）九月，'王贡唐……金陵秘色瓷器，二百事'。""乾祐二年（949）'王遣判官贡汉……秘色瓷器'"等。由于史籍漏载，难以知其总数。但"太祖、太宗两朝入贡，经之颇备，谓之贡奉录"。

据李刚《古瓷新探》及《绍兴陶瓷志》记："在制瓷业出现'南青北白'局面的唐五代时期，中原皇室取用最多的不是北方白瓷，而是南方青瓷，仅五代吴越钱镠在位30年间，就向中原朝廷进贡越窑青瓷14万件。"

14万件青瓷包括茶具，因为茶具按陆羽《茶经》记达28种，绝大多数是以瓷为原料的产品，除了茶碗、茶盘、茶盏、茶壶之外，还包括灶、釜、水方、熟盂等，在不同时期，茶具的概念并不一样，唐代的茶具专指制作饼茶及饮茶的器具。

茶器的价值一在实用，二在鉴赏。成功的茶器大多集用、赏、鉴、玩、藏于一体，蕴含了儒、释、道三家的哲理，体现养廉、雅志、砺节、砥行的真谛。唐五代越窑青瓷茶具的工艺水平和历史地位，达到了登峰造极的地步。

三、秘色瓷中心产地上林湖

（一）

秘色瓷作为宫廷使用的高等级青瓷，其神秘身世从法门寺地宫考古中得以发现，提供了可借鉴的"标本"。但接踵而至的疑问是：这些

"薄如纸、青如天、明如镜、声如磬"，"无中生水"的秘色瓷究竟是哪里生产的？

如果说是越窑，越窑地域广阔，具体又在哪里的越窑生产？成为学者们要穷其究竟的重大课题。

2017年5月23—24日，"秘色瓷考古新发现及陶瓷考古理论与方法学术研讨会"在故宫博物院举行，来自全国各地的十多位专家学者相继发言。

故宫博物院原研究馆员耿宝昌讲述了秘色瓷未被广泛认识的年代，人们对于秘色瓷的看法及相关器物的传世情况。耿宝昌说，在20世纪30～40年代，研究陶瓷的学者很少，但社会各界人士对于秘色瓷的兴趣很浓厚，"秘"字究竟是什么含义，该用什么作为秘色瓷的判断标准。那段时期，在上海文物市场上，经营文物的商店里有很多现在看来是秘色瓷的瓷器，其来源基本在慈溪一带，其中瓶、罐类器物很多，这类器物那时被称为余杭窑、余姚窑等，还没越窑这样的明确称呼，许多器物也在那时散失到了海外。

从20世纪30年代开始，"中国陶瓷考古之父"陈万里先生走出书斋，来到"夕阳在山，湖平如镜"的上林湖，经过大量实地调查勘探，提出了上林湖越窑"是一个为中国青瓷奠定基础的重要窑地"。也提出那里应该是秘色瓷的产地，但陈万里先生的见解要被学术界广为认可，需要时间，也需要考古的继续实践，以出土的客观文物来说明，也是考古学家们所孜孜以求的。

曾任上林湖文物保护所所长的童兆良著有《检点上林文明》一书(中国文联出版社，2003年版)，在书中有《青瓷墓志研究》一文，在出土的墓志罐中记有贡窑之地，文中有墓志罐全文及照片。并有以下记述：1977年初冬，上林湖大队社员何招德在吴家浮桥做大寨田时出土一件唐光启三年（887）青瓷墓志罐。罐为直筒形，圆唇敛口浅圈足。釉面光洁滋润，器物高19.4厘米，口径9.7厘米。腹壁自右向左行楷直刻墓志21行，每行11～15字环布罐体，罐器壁刻有"光启三年岁在丁未二月五日，殡于当保贡窑之北山"之句。这一重大发现，在古陶瓷研究中为之轰动，说明上林湖唐朝存在贡窑，为唐代秘色瓷研究提供了一个弥足珍贵的历史资料。该墓志罐由何招德捐献，藏浙江博物馆。

查明代嘉靖《余姚县志》，也写道"秘色瓷初出上林湖，唐宋时置官监窑"，但还不足以表明上林湖是秘色瓷的烧制中心，是发源地。从1957年开始，在各级政府的领导下，文物部门进行多次调查勘探、考古挖掘，尤其是1993年10月开始对荷花芯窑遗址挖掘，1998年开始对寺龙口窑遗址挖掘，2015年开始对后司岙遗址挖掘。据实地参与过荷花芯窑遗址和寺龙口窑遗址考古挖掘的谢纯龙先生的文字记载：

1993年10月至1995年7月，浙江省文物考古研究所与慈溪市文管会联合对上林湖荷花芯窑址进行大规模挖掘，发掘面积1 400平方米，发现唐宋二座窑炉，其中唐代窑床长41米，最宽处3.2米，残高0.5米，存有窑墙、窑门、火膛部分。窑床底部铺沙层，其上置垫柱，排列整

荷花芯窑址附近的上林湖畔瓷片

齐，成为浙江目前保存最好、最完整的唐代窑炉，并出土了大量的实物标本；器物器类丰富，制作规整，造型精巧，许多器物为首次发现，是难得的精品，具有很高的历史、科学和艺术价值。考古发掘表明上林湖荷花芯窑址为代表的唐代越窑，标志着浙东地区的青瓷业已跨入了繁荣时期，并形成了一个新的历史高峰，至晚唐五代、北宋初期达到鼎盛。

荷花芯窑址在上林湖畔，一座窑址遗迹保存完好，另一座窑址则恢复越窑当时原貌，依山坡而建，再现唐代龙窑雄姿，窑门、火膛复古依然，并按唐代风格建造了保护棚。1988年1月，国务院公布上林湖越窑遗址为全国第三批重点文物保护单位。荷花芯窑已向世人开放，并已成为一处重要的旅游景点。

荷花芯窑址引起了陶瓷界及社会各界的热烈反响，时隔3年，在1998年至1999年下半年，浙江省文物考古研究所、北京大学文博院和慈溪市文管会联合对上林湖寺龙口窑再次进行大规模的发掘，发掘面积1 045平方米。发现南宋窑炉一座，长50米，宽约2米，残高0.4米，作坊遗迹一处，房基一处，匣钵护墙二道，堆积厚达7米，出土瓷片标本5万余件。考古发掘表明：寺龙口窑址始于唐代，至南宋初年停烧，其烧造历史达三百年之久，五代、北宋时烧制贡瓷，南宋初为朝廷烧制祭祀用瓷和生活用瓷。这些发现，展示了从晚唐五代到南宋初年越窑青瓷的发展轨迹，为越窑、贡窑、秘色瓷和宋代官窑的许多学术问题的研究提供了可靠的实物资料。1998年11月，国家文物局局长考察寺龙口窑址时，提出"这个窑址很重要，要保护好，抓紧搞好保护规划，上报国家文物局"。寺龙口窑址获得1996—1998年国家文物局田野考古二等奖，并被评为"1998年度全国十大考古新发现"。

（二）

如果说，荷花芯窑址、寺龙口窑址证明了秘色瓷生产中心在上林湖，那么后司岙窑址考古摸清了唐宋时期越窑青瓷窑场的格局，使秘色瓷生产中心在上林湖的面貌更为清晰，并据其历史、艺术和科学价值，被评为"2016年全国十大考古新发现"。

2017年4月12日，上林湖后司岙唐五代秘色瓷窑址从全国2 000多个项目中脱颖而出，入选"2016年全国十大考古新发现"。这是继20年前上林湖寺龙口越窑窑址

上林湖畔碎瓷片

入选"1998年全国十大考古新发现"之后，上林湖越窑遗址再次捧得"中国考古界奥斯卡奖"。

选择上林湖畔后司岙进行挖掘考古，是经过权威部门、权威人士确定的。后司岙窑址在凌倜墓之南，与铭文中"殡于当保贡窑之北山"的方位相符，后司岙出土的文物与光启三年墓志铭罐铭文时间相近，而且同属于唐僖宗年间，又与法门寺地宫出土的秘色瓷年代也一致。

2015年10月至2017年1月，浙江省文物考古研究所与慈溪文物管理委员会办公室对后司岙窑址进行考古发掘。窑址发掘面积约为1 100平方米，包括龙窑炉、房址、贮泥池、釉料缸等在内的众多作坊遗迹，清理了厚5米的废品堆积，出土包括秘色瓷在内的大量晚唐五代时期越窑青瓷精品。

后司岙的考古发掘方式，代表了当代陶瓷考古发展的最高水平。北京大学考古文博院教授李伯谦指出，考古学是研究遗迹遗物的学科，对陶瓷研究而言，最早是通过瓷片来研究窑口。1949年以后，才开始运用考古学的方法研究瓷窑和瓷器。现在，科技的运用又代表了最新的瓷器研究方法。李伯谦又说："自然，科学研究是没有限制的，但传统的地层学与类型学研究是考古学研究的基础，是不能丢弃的；与此

后司岙考古现场

同时，把当前能够应用的科技手段更多应用到瓷器研究中来，与传统手段相结合，才应该是正确的研究思路。"

据后司岙唐五代秘色瓷窑址项目领队之一郑建明研究员说，这次考古在理论和方法上，对全国起着示范作用。在发掘过程中，项目团队试用的一系列新方法，在考古界影响深远，创造了多个"全国首次"示范作用。郑建明还说："这次发掘大量使用了地面激光扫描、低空无人遥感、近景摄影测量等多种现代科技手段进行全方位三维记录，每往下挖10厘米，就做一次影像记录，每一件标本的器型、胎、釉等特征，都一清二楚，这在全国瓷窑址考古中是第一次使用。发掘现场没法让你有更多的时间思考，如果做得不够完善，可以通过影像往回追溯和检查。"这一发掘与记录过程，对今后报告的编写与资料的公布，亦将带来重大的突破。人们总说"考古是个没法后悔的过程"，这次后司岙考古却给人留有余地。

还有水陆考古结合这一点，也是整个团队津津乐道的得意之作。团队成员介绍，此次发掘，除了陆上田野发掘之外，水下考古工作也采用了多种手段。除综合采用声呐、地磁、电磁、激光以及航空摄影测量等物探方法，超短基线定位系统、潜水员导航探测系统、DIDSON高清声呐、探地雷达的运用以及水陆一体的基础地理信息的生成，在国内水平静水域水下考古工作中均属首次。浙江省文物考古研究所党委书记沈岳明说："其中探地雷达的首次成功运用，纠正了以往'探地雷达不适用于水下考古'的错误认知，意义尤为重要。"

（三）

科学考古后的结论进一步表明：

后司岙窑址出土的秘色瓷产品，与唐代法门寺地宫中以及五代吴越国钱氏家族墓中出土的秘色瓷不仅在器型、胎釉特征上十分接近，而且装烧方法亦几乎相同，其中八棱净瓶目前仅见于后司岙窑址中。因此可以在很大程度上确定，晚唐五代时期的绝大多数秘色瓷器当为本窑址的产品，后司岙窑址是晚唐五代时期烧造宫廷用瓷的主要窑场，代表了这一时期的最高制瓷水平。

（四）

上林湖窑址群是唐宋时期越窑青瓷最为重要的生产中心，素有"露天青瓷博物馆"的美誉。窑址群包括四个片区——上林湖、白洋湖、杜湖和古银锭湖。而此次发掘的后司岙窑址，则是上林湖越窑遗址群中最核心的窑址，产品中秘色瓷比例高、质量精、种类丰富，是晚唐五代时期秘色瓷最主要的烧造地。

业界专家学者指出，以上林湖窑场为载体，"秘色瓷"的烧制，"贡窑"的设立，对推动中国古代瓷业的精进与发展有着特殊的作用和重要意义。

上林湖窑址群经过20年考古历史洗礼，前后两度被评为"全国十大考古新发现"，这在全国绝无仅有，在多年被赞美为"露天青瓷博物馆"的基础上，2018年12月，建成上林湖越窑青瓷博物馆。

上林湖越窑青瓷博物馆在湖畔码头之东，整座博物馆占地1.25万平方米，富有特色的三层楼建筑，外观上黄红白各色夹杂，色彩浅浅，与周围环境显得协调和谐。沉寂在地下的青瓷自重新发现之后，在那里聚集了精华，令人向往去博物馆一睹越窑青瓷之美。

上林湖越窑青瓷博物馆

　　整个博物馆分越窑青瓷展览区、研究中心、管理办公用房和辅助用房四个部分。以越窑青瓷为主题，反映上林湖从东汉开始烧起的窑火，历经六朝、隋、唐、五代、北宋，直到南宋前期才停止燃烧。上林湖越窑延续烧造一千多年，一直代表着中国乃至世界瓷器制造的最高水平。

　　曲径通幽的三层楼面中，一楼有序厅、临时展厅，二楼展示越窑顶级产品秘色瓷，三楼有青瓷产品展销区和休闲茶室。主要的三个常展厅分别展示在一至三楼。

　　一楼的常展厅展示"制瓷技术引领者"的历史。以再现上林湖千万瓷片堆积为核心场景，结合龙窑场景复原、展示越窑青瓷烧制工艺流程，反映上林湖越窑的发现、保护和研究历程，并以后司岙窑址为典型代表，介绍出土实物解释越窑历史演变、产品类型、纹样、烧造工艺等。通过投影播放系统，互动展示设备等，把博物馆展厅与分布窑址实地近距离紧密联系，使人感受更为密切、深刻。同时通过大型展柜，展示德清窑、婺州窑、瓯窑、龙泉窑、耀州窑、汝窑、高丽青瓷等器物，体现越窑青瓷制瓷技术对其他窑口的深远影响。

　　二楼常展厅展示秘色瓷的创造烧制和宫廷用瓷，以秘色瓷为核心。上林湖为秘色瓷产地，秘色瓷在唐代帝王用以供佛，五代时吴越王用以上贡中央王朝，从王陵和贵族墓中出土的越窑秘色瓷可鉴，其瓷土质地优良，制作工艺精湛，烧造条件特殊，运用了多媒体演示秘色瓷烧制的环节工艺和法门寺地宫秘色瓷发现场景，突出了秘色瓷在当时的价值和社会地位，密集、保存之完好，延续时间之长在世界上绝无仅有。

三楼常展厅展出古代海上丝绸之路上的越窑青瓷及其茶具，从海外越窑遗存说起，展示越窑青瓷外销历史当时已经作为珍贵器物远销到亚、非多个国家和地区。从技术的交流传播，各地有仿制品出现，特别是高丽达到了很高水平；还有复原"井里汶"沉船海底的主要场景，突出越窑青瓷外销的盛况。

越窑青瓷，流传千年姿色，世袭百代容华，是我国陶瓷史上的奇葩，也是世界文明史中盛开的灿烂之花。

越窑青瓷，作为我国陶瓷史上最具神采、备受青睐、历时最长的瓷种，其工艺圆熟精巧、匠心独运，冰清玉洁的气质，温文尔雅的风度，被茶圣陆羽推崇为上上之品，更为历代皇朝贵族的奢享珍品，独显尊荣与圣重。

越窑青瓷，自越州发源，显耀于世，乃至远销东南亚及非洲大陆等地，盛名铺就海上丝绸之路，为沟通中国与世界各地文化作出了卓越贡献。

四、秘色瓷与青瓷茶具

（一）

茶圣陆羽著《茶经》，推崇越窑青瓷茶具，为何不讲茶具秘色瓷。

有人会说秘不示人为陆羽未及，其实不然。陆羽毕生研究茶及茶具，著《茶经》近30年之功，这要从他与秘色瓷的发展轨迹及含义说起。

　　从唐代茶文化历史看，秘色瓷经历了三个阶段：第一阶段为初唐到晚唐开始时期，《新唐书·地理志》有越窑上贡的记载，到中唐天宝年间又有一次记载，可见当时越窑已产贡瓷，朝廷用瓷有所讲究，越窑窑工们也必然为此作积极的技术改进，但是对"秘色瓷"及其一词是否在那个时期出现，还无从查证，而且与后来的秘色瓷茶具在工艺上肯定还有差异。这段时期的越窑贡瓷包括茶具，据学者研究，与秘色瓷有本质区别，这是造就秘色瓷的必然过渡，是秘色瓷起源和形成的一个不可缺少的重要环节，在收藏界也把贡瓷称为"秘宗瓷"。第二阶段是唐代咸通年间，从宫廷使用秘色瓷茶具，到大批珍宝送入法门寺地宫，其中就有13件秘色瓷，并以物帐碑形式勒石以记，时值874年，这是大唐历史上第一次出现瓷秘色的实物记载。陆龟蒙以"秘色越器"为题，写"夺得千峰翠色来"也在这一时期。此时，陆羽正在浙西浙东调查，到过越窑青瓷产地，对于秘色瓷产生的历史过程也会有所闻有所得，他对秘色瓷的认识另有见地。第三阶段是吴越国王钱镠时期，他在位30年，向中原朝廷进贡越窑青瓷达14万件，这一时期声名鹊起，从唐五代到北宋长达200余年产生了陶瓷史上的千古绝唱，北宋赵令畤在《侯鲭录》有"臣庶不得用之"的记载。原文为"今之秘色瓷器，世言钱氏有国，越州烧进，为供奉之物，臣庶不得用之，故云秘色。"其实不然，14万件越窑秘色瓷完全有可能流出窑外，以至成为朝廷敕赐功臣之礼。

　　以上所述再分析陆羽生前未记秘色瓷茶具的文字缘由，原因之一应与他生活的时期有关，秘色瓷形成的第一阶段陆羽还未出生，秘色瓷鼎盛的五代吴越国时期他已逝世。在第二阶段他对秘色瓷应有所耳闻，当时还没有约定俗成的"秘色瓷"之说。法门寺物帐碑上记的"瓷秘色"指的是宫廷里的一类青瓷茶器具。陆羽未直接写到秘色瓷，更是与陆羽研究的着眼点重在普及民间茶具相关。

从法门寺地宫出土的唐朝茶具来看，质地以金银为主，还有比金银更为贵重的瓷秘色茶具、琉璃茶具，其工艺水平之高、材料之昂贵可以说在茶史上是空前绝后的，都是大唐灿烂辉煌的文化佐证。我们再来看陆羽《茶经·四之器》上的规范茶器具，茶界有说，因陆羽提倡茶的"精行俭德"，认为陆羽研究的是普及性茶具。换句话说，他要推广的是全国广大百姓普遍使用的茶具。为了著述的完善，《茶经》所写的茶具品类达28种之多，就重量而言，一套茶具重约百斤，百姓会难以接受。于是他又强调从实际出发，区别对待，在《茶经·九之略》中，阐述在不同的环境、条件下，有不同的方法和讲究，需因陋就简，灵活处理，不可过于呆板，如到松林间有石可坐，则陈列架或陈列床可以不要。为了顾全大众茶事，认可一般平民茶人可使用低档茶具，如喝茶用碗，也可用杯、瓯、瓶、盏等，煎茶用鼎还可用瓶、铛、锅等。而当时宫廷茶具崇尚金银，包括瓷秘色茶具，被涂上了浓重的皇家色彩，其豪华程度已推向极致，反映的另一种价值取向并不为茶圣陆羽所推崇。

实际上，陆羽还是自觉或不自觉地反映了青瓷茶具中秘色瓷的特点。一是秘色瓷在宫廷中不是分散的一件两件；二是分类，每一类有多种器具秘色、造型有别。就以法门寺地宫出土的秘色瓷来看，釉色有青绿、青灰、青黄之分，这里指相同时期有不同的秘色瓷，而在长达200余年的秘色瓷延续中，其釉色、造型的变动更多、更大，如吴越国王钱镠向中原进贡的秘色瓷，其颜色、型号和唐代宫廷中的并不一样。这种变更带有时代的审美色彩。初唐、中唐时期，那些斗志昂扬、激越豪迈的精神和美学追求已随时代发生逆转，阴柔成为时代转折期的一种美学标志与追求。饮茶用的琉璃茶托、茶盏及佐食用的秘瓷盘，均精巧玲珑，飘逸轻盈，那婉转飞动的纹饰、寓意吉祥的器体，在意境中折射出阴柔之美，也包含着黄老之学"无为"思想的底蕴。

考古和实践证明，秘色瓷的名称在于"色"，秘色瓷的珍贵在于"色"，秘色瓷震撼人们的魅力在于"色"，千年来人们对它的讴歌也在于"色"。从历代有关文献看，唐代文人沉醉于秘色瓷之美，五代时赞美秘色瓷如冰似玉，北宋初期，文人们一方面将秘色瓷拔高到"臣庶不得使用"的供御珍品，另一方面又将全国各地类似产品皆称为秘色瓷，于是"秘色"一词成为全国优质青瓷器的代名词。

从哲学上看，世上万事万物都是发展变化的。秘色瓷也一样，其产生、发展到衰落有一个明显的轨迹。秘色瓷是从民间来的，从上林湖越窑遗址中脱颖而出。据后司岙考古发掘遗址显示，秘色瓷到了晚唐五代时期才有专司秘色瓷器具窑口。此前最早的贡瓷也好，早期产生于官搭民烧的模式之中，即在青瓷器具烧制中，最好的产品进贡朝廷，一般的多数产品以供民用，残次的予以报废。据当今研究秘色瓷的省工艺美术大师闻长庆试验，一炉窑出品中，符合秘色瓷的仅为1%。再看陆羽置身于秘色瓷形成的时代，他立足于百姓弘扬茶文化、提升茶具，看到宫廷所用的秘色瓷难以在民间普及，但作为优质茶具，秘色茶具也是百姓要享用的，应以青瓷茶碗追求内涵质量予以记述，而且他相信，随着时间的延伸，青瓷茶具定会名垂千秋。陆羽这种基于大众的茶具意向，与他的人生经历有关，他出身低微，历史上说他是弃婴，为僧人所养，从小皈依佛门，矢志于茶文化等学术研讨，不会趋炎附势，他把少量的宫廷秘色瓷纳入青瓷茶具之中，从而高度评价越窑青瓷茶具，是茶圣高度明智的见解。

（二）

唐代茶文化兴盛且重视茶具，越窑青瓷茶具和秘色瓷出现众说纷纭。事实上，秘色瓷来源于越窑青瓷，它是青瓷中的最高档次，而越窑青瓷茶具随着陆羽的大力推崇和宣传，它的提升和秘色瓷亦因亦果，扑朔迷离。因此，在秘色瓷形成到衰落的200余年中，出现两种说法：一说是广义的，越窑青瓷就是"秘色瓷"；一说是狭义的，狭义中的秘色瓷，是越窑中供宫廷之器具，包括茶具。中国美术学院手工艺术学院陶瓷艺术系主任戴雨享教授，在《中国窑口——越窑》（黑龙江美术出版社2019年3月版）一书中介绍了目前的主流观点，文字照录如下："自'秘色瓷'见诸文献以来，其所指范围多有争议。那么，现实中的哪些瓷器属于秘色瓷？目前比较主流的观点可归纳为三种：第一种范围最大，即越窑瓷与秘色瓷画等号，秘色瓷就是越窑瓷。第二种范围最小，说秘色瓷专指釉色青绿的越窑瓷器。第三种范围折中，将烧造难度较大的艾草色（青中带黄）、青绿釉色的越窑瓷，视为秘色瓷。"戴雨享教授提出的对秘色瓷的三种观点，内涵丰富，但有一个共同点，就是秘色瓷的重要标准：它的釉色必须是像法门寺出土的"青绿色"。五代和北宋秘色瓷的釉色在这个青绿色的基础上，釉面更加光亮，更加"青翠"。

由此可知，越窑青瓷中就有秘色瓷，秘色瓷在200余年的变化中，是越窑青瓷最为昂贵的代表，包括茶具。正确认识越窑青瓷，把握越窑青瓷与秘色瓷之间的关系，对于后人解开秘色瓷密码，揭开秘色瓷神秘面纱具有引领作用。

探索越窑青瓷与秘色瓷，既为传承秘色瓷打开了思路，也为越窑青瓷的创新提供了条件。认识"类冰""类玉"的青瓷真面目。

五、青瓷茶具的历史价值

（一）

越窑青瓷凭借其如冰似玉的品质和茶圣陆羽的高度评价，名扬全国、走向世界。

陆羽生于唐开元二十一年（733），湖北天门县人，终生不仕、刻意著书，尤爱茶业，遗迹行至全国茶区，隐居苕溪，考察浙西、浙东茶事，唐贞元二十年冬（804）终老于湖州，历代誉其为茶神、茶圣。陆羽著就《茶经》一书，前后用了数十年时间，分析归纳了前人关于茶的知识，总结了人们的生产、制作和饮用经验，在《茶经》中创造性地"分其源，制其具，教其造，设其器，命其煮"，成为世界上第一部茶叶专著。陆羽撰写《茶经》，字字珠玑。尽管唐代《茶经》版本，今已无法窥其全貌，五代时期的情况也未能全晓。据统计，仅南宋至20世纪中叶，传至今日可考的版本就有63种。《茶经》问世后，世人争抄，大有"洛阳纸贵"之势。宋朝诗人梅尧臣写诗赞许："自从陆羽生人间，人间相学事新茶。"

《茶经》书影

《茶经》作为中华民族悠久文化的璀璨明珠，成为中国人民智慧的标志，陆羽也飞越了国界，美国人威廉·乌克斯在《茶叶全书》中说："中国学者陆羽著述第一部关于茶叶之书籍，于是在中国农家及世界有关者，俱受其惠"，"故无人能否认陆羽之崇高地位。"《英国大百科全书》1928年修订时，把《茶经》全文纳入。日本、美国等国家竞相译注。

越窑青瓷茶具穿越时空，凭借陆羽《茶经》既传之千秋万代，又誉驰古今中外。且看《茶经》中对越窑青瓷茶具的评述：

"碗：越州上，鼎州次，婺州次；岳州次，寿州、洪州次。或者以邢州处越州上，殊为不然。若邢瓷类银，越瓷类玉，邢不如越一也；

若邢瓷类雪，则越瓷类冰，邢不如越二也；邢瓷白而茶色丹，越瓷青而茶色绿，邢不如越三也。晋杜毓《荈赋》所谓'器泽陶简，出自东瓯'。瓯，越也。瓯，越州上，口唇不卷，底卷而浅，受半升已下。越州瓷、岳瓷皆青，青则益茶。茶作白红之色，邢州瓷白，茶色红；寿州瓷黄，茶色紫；洪州瓷褐，茶色黑，悉不宜茶。"

《茶经》全书七千余字，描写越窑青瓷茶具的字数占全书3%。茶之具，以壶、碗、杯、盘为当家主品。品茶需精美的茶具相配，好茶配好具，加之好水，才上品位，才有韵味，否则会索然无味，当然更说不上品位了。

（二）

陆羽强调"青则益茶"。用青瓷茶具冲泡出的茶汤，如同高档绿茶第二次冲泡的颜色，青中带嫩黄，茶汤与茶具融为一体，用当今的话来说，是生态型的。色彩在人们的长期生活中也寓意着一种感情。如红的象征温馨，紫色、灰色表示清雅，青色、绿色展示生机等。探索青色，自古以来，多有一番讲究。在古代，青、赤、黄、白、黑被称作为"五方正色"，春秋时代的典籍《考工记·画缋》中，五色作为色彩文化的概念仍有记叙："画缋之事，杂五色。东方谓之青，南方谓之赤，西方谓之白，北方谓之黑；又记地谓之黄，天谓玄。"为后人分析五色提供了历史依据，古人崇尚青色的原本面目具有引领作用。古代有一种重要的礼器，称为"圭"也是青色的，青色是东方的代表和象征，也是祭祀东方的礼品，后来演化成朝廷大臣相会时所执的朝板（签）。

人们还熟知我国古代的"四大神兽"，即青龙、白虎、朱雀、玄武，乃是威震四方的神祇。青龙为东方之神，白虎为西方之神，朱雀为南方之神，玄武为北方之神。古人崇尚龙的文化、崇拜东方之神以"青龙"为尊。所以青色为五色之首也是情理之中，陆羽评价和赞扬"青则益茶"，源于他的实地考察和从传统的崇青色彩文化中所得。

（三）

陆羽对越窑青瓷感悟之深，也出于他感悟浙东地域之美。他在隐居浙西湖州之际，经友人之请，数次到浙东茶乡考察，那里的原始生态和生活环境决定了古人接受青色并发明青瓷。上林湖处于群山环抱、满目苍翠中。如果说，一方水土育一方人，上林湖窑工们精心烧制的青瓷釉色，足以体现当地山水的清秀气质，展现出青瓷清秀淡雅的风格，青瓷似雕琢的古玉，如冰块般晶莹。陆羽《茶经》中所说的"类冰""类玉"，那青色如玉似冰，也是后人生态型生活所追求的。

当然，在漫长的历史长河中，在人类的芸芸众生中，对崇青的茶具也持有不同见解，如同萝卜白菜各有所爱，不足为怪。即使陆羽所在的年代崇尚青色是主流，包括宫廷所用的秘色瓷，但也有崇尚白色的，如诗人白居易就喜爱白色茶具泡茶，也许是白姓所至；还有位现代绍兴人范文澜也认为白色茶具用来泡茶好，也许越窑青瓷产自他的家乡。当然也有既爱青色的，也爱白色的，认为两者冲泡茶汤都好。皮日休就为后人留下著名诗篇，诗称："邢客与越人，皆能造瓷器，圆似月魂堕，轻如云魄起。"

有人评说，自从陆羽到越州，青瓷秘色美名扬。随着文人雅士对茶和茶具情有独钟，咏有大批越窑青瓷的诗歌名篇，足以给人品茗时提升精神上的享受。

越窑青瓷茶具极其符合当时社会的生活需求，饮茶风尚及茶禅之风相连，一批文人雅士伴随陆羽评审越窑青瓷茶具的美誉，以诗赋赞美之。与皮日休齐名的陆龟蒙有《秘色越器》："九秋风露越窑开，夺得千峰翠色来；好向中宵盛沆瀣，共嵇中散斗遗杯。"对越窑青瓷的真谛作了生动的诠释。"九秋风露越窑开，夺得千峰翠色来。"不但点明了秘色瓷生产的时间（在九秋）、场所（越窑），而且提示了秘色瓷真实的色泽和复杂的工艺。"千峰翠色"正是比喻那种美丽的青绿色；而一"夺"字，则意味着经过艰辛努力，突破了配方中釉色烧成的技术难关。徐夤有《贡余秘色茶盏》诗，描叙青瓷茶具也很有名，在《全唐诗》卷二十六有录："捩翠融青瑞色新，陶成先得贡吾君。巧剜明月染春水，轻旋薄冰盛绿云。"收录在《全唐诗》的诗人名句不胜枚举，如施肩吾"越碗初盛蜀茗新"，孟郊"越瓯茶叶空"，郑谷"茶新换越瓯"，韩偓"越瓯犀液发茶香"等。

唐朝是我国诗歌的黄金时代，一批著名诗人把越窑青瓷写得极为精致，但具体的茶具终究没有陆羽记得具体，一般都以越器泛称。从《茶经·四之器》的记载，结合上林湖遗址出土的青瓷产品，可以推测青瓷茶具主要包括六个大类：碾具、煮具、储盛具、饮具和其他附属茶具。每一类中又有多种实用的茶具，如碾具中的碾轮，煮茶具中的汲水瓶，储盛具中的调味盒，附属茶具中的小碟子等。看饮具类中，就有碗、盏、盏托、杯、盅、瓯等。其中，"瓯"的理解有待进一步研究。陆羽在《茶经·四之器》中，详述"瓯"越地也："瓯，越州上，口唇不卷，底卷而浅，受半升以下。"据晋武成等专家考证，上林湖区域狗颈山、白洋湖、小岷岙等窑口遗址就发现大量这种器皿，较精致的"瓯"可达到"秘色瓷"级别，也有较为初制的。这种器皿介于碗、盏、盘、碟之间，尤其与碗、盏相近，但又有不同，晋武成先生认为是"越瓯"不无道理。宁波市博物馆的镇馆之宝唐代秘色瓷莲花托盏，有如下文字介绍：1975年宁波市和义路遗址唐"大中二年"纪年墓中出土，由茶瓯和茶托两件组成。茶瓯高6.5厘米，口径9厘米，造型如一朵盛开的荷花，口沿作五瓣花口弧形，外壁压出内凹的五条棱线，形成五个花瓣的界线效果，茶瓯内外素面无纹，茶托高3.4厘米，口径15厘米，仿荷叶形，薄薄边缘四等份向上翻卷，极具被风吹卷的动感。茶托中心内凹，刚好隐隐地承接茶瓯，看上去似一件不可分割的整体，构成了一幅轻风吹拂的荷叶载着一朵怒放的荷花，并在水中摇曳的画景。整个茶瓯青翠晶莹如玉，青釉亮洁均匀，造型设计巧妙，制作精巧绝伦，堪称越窑青瓷的代表作。

勤劳智慧的古代先民，在上林湖这块神奇的土地上创造了奇迹，让泥土成为似冰类玉的青瓷，唐五代是越窑青瓷器皿最精湛的时期，位居全国之首。茶圣陆羽，推崇越窑茶具，赋予越窑青瓷近千年的重要地位。

越窑青瓷茶具为世界文明作出了杰出的贡献。

第四章 ◎ 青瓷茶具的兴盛与衰落

北宋承袭唐五代茶文化传统，在茶文化的深入发展中，越窑青瓷茶具继续处于兴盛时期。作为母亲瓷，如同人一样，在鼎盛辉煌中，哺育了骄子，衍生出宋代五大名窑。母亲瓷越窑青瓷退居幕后，但仍然绵延了很长时期。在经历北宋160余年后，到南宋越窑青瓷全面衰落，但青瓷积淀的文脉不断，文化软实力绵延，为人类文明提供了文化自信的瑰宝。

北宋越窑带釜壶——浙江省博物馆藏

北宋越窑划花对碟纹盘——
浙江省博物馆藏

一、北宋茶具持续繁荣

（一）

越窑青瓷茶具演进到北宋时期，依然持续鼎盛。唐代繁荣的茶文化和精美的越窑青瓷珠联璧合，为北宋青瓷茶具奠定了坚实的基础。以吴越国国王钱镠为代表，悉心治理，平定两浙之后，休兵惠民，重视农桑，兴修水利，开拓海运，奖励通商，又以越窑青瓷为贡品，赢得了"钱塘自古繁华"的安定盛世局面，为青瓷茶具的持续鼎盛和变迁提供了良好的时代环境。

首先，来看北宋社会中茶业和茶文化的地位。茶在整个社会经济中举足轻重，北宋皇室在汴京达167年（960—1127）。赵匡胤有饮茶癖好，即位第二年即下诏，要地方向朝廷贡茶，并且贡茶必须是"取象于龙凤，以别庶饮"。宫廷兴起饮茶、斗茶之风，朝廷开始征收茶税拓宽财源，茶和盐一样，成了当时国家财政的重要组成部分，并且出现了茶法专著，以保证税收。如沈立在仁宗嘉祐年间撰写《茶法易览》，沈括写有《本朝茶法》，约从庆历年间开始，明州人口增加，耕地扩大，兴修水利，农商发展，尤其是鄞县，经王安石治理后，农业、手工业的发展更加全面，商业交通条件得到改善。其时，明州造船业的吨位和技术水平位居全国首位，从北宋时期总体看，就如舒亶在诗中称颂的那样："家家人富足，击壤与君同。"当时从朝廷到乡野饮茶成风。以宋徽宗为例，他是位技艺不凡的品茶大师。评价宋徽宗不是件容易的事，他在书法绘画上有杰出的才能，却治国无能，历史上留下的是昏君的形象。宋徽宗在位18年，主要有四方面的政绩：

一是推动文化艺术发展，二是在全国设立官学，三是增进社会福利，四是重视技术。尤其在茶和茶文化的研究上，写有著名的《大观茶论》，全文首为绪论，次分地产、天时、采择等20目，评述了茶树的种植，茶叶的制作，茶品的鉴别。北宋茶和茶文化地位有利于青瓷茶具的持续鼎盛。

再看，北宋时期明州茶和茶文化的特点。当时明州凡是有稻的地方必然有茶，从河姆渡遗址、田螺山遗址考古发现的茶遗迹，到唐代以及唐之前的文字记载，直接影响了北宋和茶文化的发展。当时属明州鄞县地辖的灵山（今北仑灵峰山）产灵山茶，那是与龙井茶、径山茶、阳羡茶等并列的宋代43个名茶之一（《茶道》，田晓娜主编，中国戏剧出版社，2000年版）。北宋大学士、著名茶学专家蔡襄评价明州宁海县茶山之茶，谓越州的日铸茶之上。更有四明十二雷茶，在北宋年间已有确凿的文字记载，那是流传下来的一个凄美故事。

在四明山东北处的车厩至陆埠山中，有一年清明之后，三位姑娘在山上采茶，在归途中又累又热，走到一条清溪旁，忍不住在溪水中嬉戏。没想到老天突然变脸，顿时雷电交加。三位姑娘不幸被十二声响雷击中而丧命。当雨过天晴时，溪边出现了三座犹如三位少女相偎的俏丽山峰，此后山中便长出又嫩又香的茶叶，传说就是三位少女留下的。为了纪念三位采茶少女，当地人们把三座山峰称作三女山，后来还在那一带立有三女庙，所产的茶叶被称为四明十二雷。关于四明十二雷茶产生在北宋年代，有晁说之（1059—1129）的诗为证：

留官莫去且徘徊，官有白茶十二雷。

便觉罗川风景好，为渠明日更重来。

诗的大意为作者晁说之在明州为官任职期满，将走未走且徘徊犹豫，原因是留恋著名的白毫名茶十二雷，作者在诗末自注"十二雷是四明茶名。"他诰命难违，不得不离任，到陕西罗州（直罗）为官虽有风光，但心里想的是这十二雷茶，什么时候能再来明州品尝。

明州茶和茶文化的特点当然远不止上述茶事。儒学也通过教育手

四明山

段植根于明州，仁宗庆历年间，明州出现了有名的"庆历五先生"，分别是杨适、杜醇、楼郁、王致、王说，五先生推崇儒学，重在经世致用，用以指导社会实践。饮茶益思，以茶养性，以茶会友，以茶待客，儒家与茶的关系密切。道教与明州茶事源远流长，四明山产大茗更与汉仙人丹丘子相关。至于茶禅一味，天童寺、阿育王寺、雪窦寺、金峨寺等都积淀着茶禅文化，并以"浙西山水浙东佛"著名，号称东南佛国。僧人出于自身修行需

2019年越窑青瓷文化节期间，法门寺出土的秘色瓷到慈溪博物馆展出

要，在寺院附近总有大片茶山，最典型的要数雪窦寺，是北宋仁宗赵祯应梦名山之处，那里好茶名泉，声名远播。当时仁宗梦见名山，诏令画师画出梦境山水，一一对照各地名山，认定明州雪窦山为梦境名山。为之敕谕，钦点一批礼品，命太监专程送达，其中有龙茶二百片，白金五百两，免去山民徭役，不得砍树斫柴。皇帝赏赐龙茶到雪窦寺，寺院住持正是大德高僧无准师范，其禅学高深，且深谙茶道。此后寺僧及山民采茶、用茶成为传统风尚。

越窑青瓷处于北宋茶与茶文化浓厚的社会时代中，又生产在浙东宁绍之间的上林湖吴越之地，茶叶映衬茶具，两者相得益彰，从吴越王钱镠纳贡中原朝廷14万件秘色瓷可知，越窑青瓷在北宋时代的流行盛况。按照当时文人拔高所记"臣庶不得用"，即官员和百姓都不得使用，那么这14万件秘色瓷在宫中足以体现处处皆青瓷，人人有茶具。按照人们追求物质的逆反心理，越得不到越窑青瓷，反而要想尽一切办法得到它，即使秘色瓷为臣庶所难得，民间青瓷也总可慰臣庶向往青瓷的欲望。可见，在北宋汴京宫廷流行的越窑青瓷，泛称秘色瓷，则是对越窑青瓷最好的宣传，也是青瓷在中源地区广为传播的最好佐证。

（二）

北宋年间余姚有名的知县谢景初（1020—1084）到上林湖，其有《观上林埏器》诗记，记载了当时上林湖生产青瓷的热烈场面：

> 作灶长如丘，取土深於堑。
>
> 踏轮飞为模，覆灰色乃绀。
>
> 力疲手足病，欲憩不敢暂。
>
> 发窑火以坚，百裁一二占。
>
> 里中售高价，斗合渐收敛。
>
> 持归示北人，难得曾囷念。

贱用或弃朴，争乞宁有厌。

鄙事圣犹能，今予乃亲觌。

这是唐宋时期唯一由作者亲临上林湖实地考察后而写的叙事诗，写到了长长的龙窑，取土留下的深沟，并且提到了用脚踏飞轮制模及施釉技术烧造精品。窑工劳作极为辛苦，精疲力竭仍不得休息，而最后烧成的高档瓷成品率仅为1%～2%。然而物稀价昂，来收购的商贾络绎不绝，直至收拢各种瓷器才肯罢手。他们把收购来的商品出售给北方人，没有一个北方人不为之爱惜而倾囊的。

北宋饮茶之风盛行，与唐代相比，冲泡茶汤的方式由煮茶变为了点茶，有"唐煮宋点"之说。选择好茶由品茶到斗茶，斗茶是一种茶叶品质评比方式，不同于唐代陆羽以精神享受为目的的品茶。斗茶，又称茗战，贡茶的兴起，使相互评比茶叶品第的斗茶应运而生。宋代范仲淹《和章岷从事斗茶歌》诗："北苑将期献天子，林下雄豪先斗美。"揭示了斗茶与贡茶的因果关系。宋代唐庚《斗茶记》载斗茶场景。斗茶者两三人集在一起，献出各自所藏珍茗，烹水沏茶，依次品评，定其高下。宋徽宗赵佶《大观茶论》记："不以蓄茶为羞，可谓盛世之清尚也。"南宋斗茶普及民间，不仅帝王将相，达官显贵，骚人墨客斗茶，市井细民等也喜爱斗茶。

唐代的茶和茶文化在传承至北宋的过程中，尽管茶具有变化，建瓯在斗茶之风中开始兴起，但越窑青瓷及青瓷茶具仍在朝野有广泛的市场。考古出土文物表明，北宋时期新昌拔茅镇、诸暨枫桥镇、宁海岔路镇都有青瓷及青瓷茶具。在宁波的东钱湖沿湖四周瓷器生产兴盛，大多建在东钱湖东北的东吴、小白、沙堰一带，以便商品装载外运，从水路直到宁波港口。北宋时建立的小白饭甑山窑群，主要产品有瓶、罐、钵、盏等，釉色青灰，胎质灰白。这个窑址有早晚两个堆积层，晚期堆积层覆盖在早期堆积层之上，东西长约1 000米，宽80米，厚2米，面积很大。有些器皿一物多用，从陆羽《茶经》评述茶碗以浙东越州为上来看，北宋茶器生产发展已普及到民间。

越窑青瓷停烧时间，曾一度认为在北宋。在北宋的167年期间，越窑仍处于鼎盛时间，但作为母亲瓷，在逐渐变迁、变革，并没有停烧，窑口的名称时有变更，据清华大学档案馆提供的史料，南宋初期在上林湖仍生产越窑青瓷，当时属余姚县地辖，藏有两则档案史料如下：

绍兴四年（1134）《中兴礼书》第五十九卷《当礼五十九·明堂祭器》："四月十九日权工部侍郎苏迟等言：'勘会近奉圣（意），陶器令绍兴府余姚县烧造……'诏依。

另一则档案史料：南宋诏令余姚县低岭头置官窑烧造……低岭头即上林湖青瓷遗址区古银锭湖窑群址所在地。

越窑青瓷至南宋初期停烧，南宋著名爱国诗人陆游（1125—1210）有《六研斋笔记》盛称：南宋时"余姚有秘色瓷，今人率以官窑目之。"并在文中慨叹："世人贵官、哥、汝、定而不知重（重视越窑），悲夫！"

北宋越窑青瓷鼎盛，但在历史长河中开始逐渐衰落。

二、茶具衰落与演化

（一）

越窑青瓷与"茶兴于唐而盛于宋"并行发展，出现兴盛繁荣局面，但对越窑青瓷茶具也有衰退、衰落的记载。从上林湖200处窑口遗址出土的青瓷器皿年代来分析，多为东汉开始，历经三国两晋南北朝，到唐五代，从不完全的研究，仅仅在上林湖越窑遗址的栗子山、吴家溪有北宋晚期的12处窑口遗址。对北宋越窑青瓷在上林湖中心窑址处，既有兴盛又有衰落，至南宋停烧，其实也不矛盾。北宋历经长达167年，前期兴盛繁荣，中期开始出现逐渐衰退，末期衰落，这在历史长河中的现象也是正常的。

（二）

北宋茶具衰落中穿凿着以下若干因素。

一是当时窑址的自然变化。上林湖窑口的开采烧制到北宋历经千年，千年风采，如同生物一样，客观上不可能一成不变，尤其是烧制的原料。就以先期的取土来说，古代越窑多为就近取材，不可能像如今有现代化的交通运输。而千百年来，挖出的窑口原料因含铁量的不同，烧制成品会呈现不同颜色，而古代含铁量的检测又无如今的化学分析数据，以至质量不比之前。还有上釉的主要成分为石灰石、长石、瓷土这些加工原料，从上林湖周围山上取得也越来越少，包括工艺中的草木灰，早有"无灰不成釉"之说。再是烧窑用的大量木材采伐，千年之后必然紧缺。因为上林湖处于宁绍平原，临近当时的唐涂宋滩，虽有丘陵山地，终究燃料有限。后人所见沿湖大片大片的瓷片，重重叠叠，而烧制的窑温高达1 300℃以上，又是日夜不得间断，可以设想千百年来必然出现柴火奇缺，客观环境促使越窑青瓷的开始衰退。

二是浙东社会的人为因素。北宋社会经济稳定，文化发展，在浙东地区农业尤为发达。据《宁波农业史》记，北方人口南迁，浙东上林湖一带人口剧增，整治水利，兴修塘、堰、碶、闸，耕地面积扩大，水稻亩产量位列全国前列，而且桑、麻等经济作物也大量种植，农业发达。要保持唐五代生产的秘色瓷，更要有经济保障。吴越王钱镠时代的政治因素，向中原朝廷进贡的贡瓷地位决定了质量、信誉，到北宋晚期失去烧造贡窑的地位，其民窑产品无论是造型、釉色和纹饰都大大逊色于北宋前期。总之，随着北宋末期浙东一带农业经济的发展，越窑窑工劳动强度大，技术要求高，经济待遇低，成了上林湖为代表的越窑青瓷衰落的因素之一。

三是浙江省内青瓷开发促使越窑衰落。浙江省内有青瓷生产基础的婺州窑、龙泉窑，依托越窑青瓷千年以来的声望，发掘青瓷潜力，开发青瓷优势，省内青瓷生产顺势而上，促使越窑青瓷加快衰退，尤其是婺州窑，其生产青瓷历史，相比越窑在规模、影响上与上林湖的青瓷中心无可比拟，但婺州窑出产的青瓷质量也是名列前茅的。从陆羽的眼光看，婺州窑茶具呈青绿色，名列全国第三，但在宋代之后，也逐渐衰落。龙泉窑则迅速崛起，龙泉窑为越窑后起之秀，其发展年代在北宋时期，但在北宋中期、晚期还是末期，有不同说法，根据大量的考古文物，纪年器对照排列，龙泉窑生产的年代上限是在北宋中晚期。龙泉窑位于处州，那里山多田少，上林湖至北宋中期面临生产的劣势，正好是龙泉窑的优势。龙泉窑在崛起过程中，不仅弥补了越窑当时自身的缺陷，更重要的是在烧造技术、器物造型、装饰工艺等多方面吸收越窑经验，直至招引窑匠中技术高超者前去龙泉烧窑，从古今史料中可见越窑对龙泉窑的影响是全面的、持久的，因此可以说龙泉窑继承和发掘越窑工艺成就，成为烧造青瓷的名窑。

四是北方窑口青瓷崛起致使越窑青瓷衰落。北宋定都中原汴京（开封），五代和北宋前期吴越王年年纳贡越窑秘色瓷及大量茶具，朝野臣庶之间，对越窑青瓷的声誉，在社会上已有广泛影响。但当北宋中晚期时，秘色瓷已不再由江南大批量纳贡，而是就近安排，从而削弱了越窑，强化了汝窑、钧窑、定窑等名窑窑口，京都汴京及其附近出现贡窑生产青瓷，以供朝野及民间人士需要。

历史上，全国使用瓷器茶具形成"南青北白"的格局，即以江南越窑上林湖青瓷与河北邢州白瓷为代表，但北方很多窑口的茶器具依然和唐代相比无多大变化。历史上越窑青瓷引领制瓷技术的发展，不仅在浙江省内，还在江南及全国影响深远。以耀州窑为例，耀州窑地处今陕西铜川市黄堡镇。耀州窑原来生产白瓷、黑瓷、青瓷，北宋后烧造青瓷，北宋末期最为兴盛，成为民间青瓷的主要产地之一，对邻近瓷窑有较大影响。据史料记载，耀州窑以刻画与印花装饰闻名，其釉色、装饰手法和题材深受越窑的影响，并且极为相近，直到南宋，陆羽在《老学庵笔记》中明确记叙："耀州出青瓷谓之越器，以其类余姚秘色也。"

五是茶器茶具的演化也是越窑衰落的因素之一。宋代的饮茶器具与唐代相比，在很长时期内，在种类和数量上，并无多大变化，但到北宋中晚期，与唐代相比，社会环境特殊，宋代经济发达，城市经济繁荣。宋代文人在优越生活中，追求精巧的饮茶风气，使宋人对茶和茶具较为讲究，与陆羽崇尚自然，强调茶具的方便、耐用、宜茶大不同。陆羽对各种茶具的使用提倡从实际出发，在《茶经·九之略》中讲得非常明确。当时，从唐代的煮茶转到宋代点茶，茶具随着饮茶方法的改变而改变，斗茶之风对茶具的演化起了很大的影响。茶具多元，白瓷、青瓷在南北方流行之际，在上下斗茶成风的社会里，为达到斗茶的最佳效果，不但讲究茶和茶水、茶艺，更对茶具精益求精，在福建建窑（瓯）的黑釉盏也迅速传播。

斗茶所以称茗战，其实是从朝廷到民间开展的评比茶叶优劣活动。斗茶有三个评比标准：一看茶面汤花的色泽与均匀程度。汤花要求色泽鲜白，要像白米粥冷却后凝结成块的形状。二看茶盏内沿与汤花相接处有无水痕，汤花在盏沿的保持时间要长，如汤花散退，盏沿会有水痕，即为失败。三品茶汤，观色、闻香、品味，以色、香、味俱佳方可取胜，其中以纯白为上等，青白、黄白、灰白就大为逊色。建盏的流行是北宋晚期茶具变化的代表。北宋著名茶叶鉴别专家蔡襄任福建转运使，负责监制北苑贡茶，创制了小龙团茶。蔡襄著《茶录》向皇帝推荐北苑贡茶之作，为鉴定斗茶中"茶白色"而"宜黑盏"。宋徽宗著《大观茶论》也认为"盏色贵青黑，玉毫条达者为上，取其焕发茶色也"。

（三）

越窑青瓷的"衰落"并非意味着青瓷被决然分割，而总是与风流千年的越窑保持着千丝万缕的关系。

越窑青瓷茶具，作为中国的母亲瓷，与北宋的五大名窑又是怎样的关系呢？2016年秋，友人从南昌滕王阁归来，问及北宋五大名窑，越窑和景德镇窑均未列入其中的缘由。越窑之早，到北宋它仍兴盛，但与"儿辈"难以并列；而景德镇瓷品在当时也闻名全国。那里原为江西省昌南镇，因在宋景德年间遣官烧窑出贡瓷改名景德镇，却也未能列入宋代五大名窑。北宋五大名窑，是汝、官、哥、定、钧，在陶史上也深有影响，还不包括广为流传的耀州窑。五大名窑或直接生产青瓷茶具，或生产其他茶具，在器型的审美取向和制瓷的艺术追求上，都从不同角度吸取了母亲瓷的营养价值。定窑因在宋代定州而得名，主要烧白瓷，也烧黑瓷、绿瓷，而黑瓷在母亲瓷产品中也早有生产。钧窑在河南禹县（今禹州市），属北方的青瓷系统。其独特之处是使用乳浊釉，青中带红，有"钧红"之称。汝窑在今河南临汝，因宋代属汝州而名谓汝窑，它也是北宋后期烧造宫廷用瓷的贡窑，主要器皿有盘、碟、碗、盆，器物通体施釉，釉色多为天青色，并有号青、虾青、冻青、茶青、豆青等色。据上林湖畔的越窑青瓷博物馆陈列实品文字介绍："汝窑天青色乳浊釉受越窑影响而出现，越窑自秘色以来所创烧的天青色釉经汝窑传承，汝窑窑址中有越窑的器物，那是作为仿制的样品。五大名窑之一的龙泉窑（哥窑）也是从中国母亲瓷的一窑口传承过去，存在着上下前后关系。龙泉窑的生产仿自越窑，北宋中晚期大发展，兴盛于南宋。据宁波日报2017年4月28日报道，日本青瓷界泰斗、国际陶艺教育交流学会长岛田文雄说，他在日本研究的是青瓷，但对龙泉窑（哥窑）的研究，最终还要追溯到越窑上。"岛田文雄还说："世界上最难烧的就是青瓷。"

综上所述，宋代茶具艺术在继承唐代茶具基础上仍在演化、发展。宋代是一个朴素清雅又有文采的时代，以青瓷茶具为引领的多元化茶具，朴素却不失精美，多元演化而又精致，使宋代茶具有其鲜明的时代特色。

三、文化瑰宝　绵延不绝

（一）

　　世上许多事物有的昙花一现、瞬间即逝，有的长存世上、万世流芳。而越窑青瓷在衰落千年中并未销声匿迹，未曾磨灭，它依然绵延千秋。青瓷文脉同山脉一样，位于东海畔的四明山群峰，在浙东突兀而起，有巍巍高山，山脉穿过平源，而在地下伸展，时而露出地面，呈现像上林湖一带的丘陵，也有越过海湾，在东海里崭露头角，成为海岛，也有未露水面，成为礁石，更有从海中露出峥嵘，成为名山，在舟山群岛中的普陀山、洛迦山和四明山脉中的雪窦山隔海遥望相对，山脉相连，又因茶山茶具而成为佛教名山。

北宋刻花执壶（浙江馆藏）

越窑青瓷在历史长河中，所系文脉，经历过复杂的过程，在众多文化因素中有过传播、碰撞、融洽、更新，在漫长的岁月中既与悠久的历史相连又有自身独特的丰富内容，其文化自信有着明显的特点：

其一，物质与精神高度融合。越窑青瓷形成的文化自信，以越窑青瓷的物质为基础。之所以有母亲瓷之称，因为它是世界上最早成熟的瓷器，在上林湖一带，从东汉开始烧起窑火，历经六朝，隋、唐、五代、北宋，直到南宋才停止燃烧，一直代表着中国乃至世界瓷器的最高水平。越窑青瓷渗透到人们的衣食住行、婚丧嫁娶等家庭生活、社会生活多个方面，就以唐代开始出现系列专用茶具来说，从通用的食具、酒具中析出，为唐代茶文化的形成增添异彩，成为大唐帝国繁荣昌盛，推进社会安宁的标志，无论是法门寺地宫出土的越窑秘色瓷茶具，还是茶圣陆羽《茶经》对民间流行的越窑青瓷茶具的高度推介，无不佐证越窑青瓷不仅只是器皿，还是由青瓷积淀而成厚重文化，无论是在鼎盛时期，还是在衰落年代，始终为中华民族增强文化自信提供了坚实的支点。

其二，精神上理想与毅力融合。它的丰富内容经磨砺延伸，酝酿成坚定的文化自信。如1983年冬在上林湖出土的蟾蜍水盂，经专家鉴定为国家一级文物，那青瓷蟾蜍昂首伸颈，双目圆睁，炯炯有神，蟾蜍为月中之物，反映"蟾宫折桂"金榜题名的期望和企求，用作古代磨墨盛水的水盂，具有激励年青学子寒窗苦读、求取功名成仕为民的寓意。蟾蜍水盂用荷花叶瓣作盏托，荷花莲叶"出淤泥而不染"，引领社会人士不为世俗污流所腐蚀。蟾蜍在中国传统文化中故事多多，尤其是青瓷产品中的三足蟾蜍，可谓是历史悠久的月宫神兽，

越窑青瓷三足金蟾

后来又演化成招财进宝的吉祥物。汉朝发明地动仪的张衡在著述中说："羿请不死药于西王母，嫦娥窃之以奔月……嫦娥遂托身于月，是为蟾蜍。"后人觉得"嫦娥化蟾"有煞风景，逐渐不再提了，安排嫦娥依然以美女形象出现，与蟾蜍一起住在月宫，文人们则常用"蟾宫"指代月亮。嫦娥吃了不死药奔月，化作蟾蜍也具备长生不老的属性。东晋葛洪所著的《抱朴子》内篇里，记载了五种"不死灵药"，其中之一就是"万岁蟾蜍"头上的肉角。唐宋之后月宫里的蟾蜍演化成三足金蟾，能口吐铜钱，在民间日趋红火。如今，它和貔貅一起并列为人们最爱的吉祥物。在道教典籍中，有刘海与金蟾的原型，讲仙人刘海降伏金蟾，命它口吐金钱，扶危济困，在宋朝广为流传。上林湖越窑工匠用心良苦，把三足蟾蜍制作成和文人相伴的水盂，使闻鸡起舞的吃苦精神和美好的理想恰到好处地融合在一起，寓意深刻。

在青瓷器皿的造型上，还包括众多的植物、动物，在青瓷器皿上的大量纹饰同样有体现，龙、凤、梅、兰、竹、菊等，起着美化导向作用。以倡导人类的生性高洁，以弘扬"君子之德"，崇尚清白、清雅之深意。

其三，文化自信呈现文明标识。青瓷文化依托茶具融入茶文化之中，是物质的，更是精神的，而这种精神层面上的青瓷文化几乎与"文明"同义，以至成为文明的象征。以茶会友，以茶待客，以茶敬老，以茶祭祖，直至以茶自省，一句话，以茶为礼，茶是礼品。而茶具作为茶之父，常和茶相依相伴，青瓷茶具同样具有茶的性能，茶具乃是文明的使者。

越窑青瓷的文明特色还表现在美妙的越瓯乐曲之声。皮日休写越器茶瓯有诗句："圆似月魂堕，轻如云魄起。"唐代诗人方干还以诗记述："越器敲来曲调成，腕头匀滑自轻清。随风摇曳有余韵，测水浅深多泛声。"直至成为提升文明自信的传承瓯乐。

青瓷茶具作为茶文化的内容，千百年来，无论它处于鼎盛期还是衰落期，对于人们来说，都是一种向往，一种追求，清代乾隆皇帝珍宝如山，还发出感叹"李唐越器人间无"。

如今，上林湖的青瓷碎片，穿越时空，在人们心目中成为文明的碎片、国家的瑰宝。20世纪30年代故宫博物院原研究员陈万里在上林湖实地调查后，把上林湖越窑青瓷的丰富纹饰与敦煌石窟千佛洞出土的绘画艺术相提并论，有《越器图录》《瓷器与浙江》《中国青瓷史略》等著作。

（二）

上林湖越窑青瓷遗址凝结着古代劳动人民的智慧，成为人类的艺术宝库，让多少人魂牵梦萦。1995年，全国人大教科文卫代表团和全国政协委员代表团相继考察上林湖。国内专家学者到上林湖考察的不计其数，据不完全统计，著名的有朱伯谦、汪济英、李家治、林华东、任世龙、李德全、姚国坤、林士民、张翔等。

更有一批当代名家参观上林湖之后，满怀激情，写下脍炙人口的诗篇，现选录如下：

1987年夏，中国红学会会长冯其庸，走在上林湖这块古老的土地上，看到漫山翠绿，俯拾皆是的文明瓷片，留有诗作：

> 看竹何须问主人，
>
> 满山翠竹碧森森。
>
> 他年曾过山阴道，
>
> 不及上林十里程。

中国俗文学研究会会长姜彬教授多次抵达上林湖窑址，目睹上林风采，有诗写道：

> 暮春时节到上林，
>
> 山自翠华湖自明。
>
> 最是销魂窑上树，
>
> 犹在岸头表古情。

1992年6月，原杭州大学地理系教授，著名历史学家陈桥驿先生在上林湖满怀兴致，也激情赋诗：

上林湖边水悠悠，

陶瓷之路说从头。

秘色高名传千古，

雨过天青今何求。

至于出生在慈溪上林湖地区的本土名人，对上林湖更是一往情深。如著名山水画家陆一飞先生，泼墨描绘了上林湖风光；著名学者余秋雨先生妙笔记述了文明碎片的辉煌历程。

上林湖越窑青瓷茶具为文化瑰宝，无论在岁月中度过辉煌的兴盛时期，还是沉入衰落的寂寞岁月，它为中华民族启迪的文化自信，历史作出了最公正的结论。它在中华大地永不磨灭，它在世界各国广为传诵。

第五章 ◎ 青瓷茶具在海外

越窑青瓷及其茶具传播到世界上许多国家和地区。从朝鲜半岛、日本群岛到东南亚各地，从亚太地区到欧美和非洲国家。明州港作为古代海上丝绸之路起航地之一，出口的茶叶、瓷器之多，出现海上茶路、陶瓷之路，通过官方和民间渠道，在贸易活动中成为联络各国人民的纽带和友谊的桥梁，也使人类享受到茶和茶具的文明成果。

明州港

一、在亚太地区输入青瓷

（一）

凡是优秀的文化，总是穿越时空，跨越国界，让人类共享文明成果。越窑青瓷茶具，闪烁着文化瑰宝的光彩，影响世界许多地方。

青瓷茶具的海外传播，既有共同的格局，也有各地输入的多元特点。输入的共同点是到各国的青瓷茶具，一是以文化引领贸易，促进双方共赢；二是以茶和茶具相伴，只是茶叶易腐朽，难以留存。输入青瓷茶具存世多的地域大都如此。

凡是青瓷茶具输入的国家和地区，都有出土青瓷并有传播到海外的故事。在亚太地区存有的史料文物中，朝鲜半岛、日本群岛和东南亚国家出现得较多。

输入朝鲜半岛的越窑青瓷早期是以贸易为主渠道，朝鲜是中国的近邻，自9世纪后期至10世纪上半叶，越窑的制瓷技术传到了全罗南道的康津，全罗北道的扶安等地。其间贸易往来频繁，《宁波港史》中记述道："吴越与高丽关系密切，明州港曾向高丽出口大量越窑青瓷。"北宋明州已是高丽、日本的重要贸易港，成为发船去日本、高丽的特定港口。当时明州的神舟，又以制造"海商之船"最具代表性。宋人陈敏记明州造的2 000斛尖底海船："其面阔三丈，底阔三尺，利于破浪。"（《宋会要辑稿》）两国商船往来不绝，有所谓"来船去舶首尾相接"之说。据郑麟趾《高丽记》载，在北宋晚期的50多年中，明州商人航行到高丽经营贸易120多次，每次少则几十人，多则百余人，其中有的虽不是明州商人，但也有明州市舶司鉴证发舶的。例如，仁宗天圣元年（1023）台州商人陈惟志等64人出明州港赴高丽贸易，宝元元年（1038）明州商人陈亮与台州商人陈维积等147人到高丽，崇宁二年（1103）明州教练使张宗闵、许从与杨焰等38人至高丽，同年五月又有明州商人杜道济、祝延祈船到高丽，后来就留在那里。在高丽的国都开城设有清州、忠州、四店、利宾四个馆舍。"皆所以待中国之商旅。"（《宣和奉使高丽图经·卷二七》）同样，也有大批外来商人来明州港进行贸易，即使他们去泉州、广州等地经商，持阴阳家子午之说，总是转道明州港，"故兴贩必先至四明（即明州），而后再发"。唐宋八大家之一的曾巩知明州时曾奏请朝廷："欲乞今后高丽等国人船，因风势不便，飘失到沿海诸州县，并令置酒食犒设，送系官屋舍安治，逐日给于食物。"仅元祐三年（1088）、四年（1089）因遇风暴，明州送回高丽漂流回国的就有47人。至于中国商人流落高丽的，高丽国也同样予以优遇，"勤加馆养"，然后设法遣送回国。现在宁波城里宝奎巷存有高丽使馆遗址，当时又称高丽行使馆、东蕃驿馆，用来接待高丽来者。北宋之后，明州靠近南宋首都临安，农业、手工业发达，高丽使臣崔惟清、沈起至明州，转道去临安向南宋皇帝"贡黄金百两，银千两，绫罗一百匹，人参五百斤"，此后高丽也曾多次准备入贡，却因南宋朝廷恐怕宋、金对立之际高丽来使暗地来窥虚实而"诏止之"。也就是说，南宋朝廷怕金人派高丽人来刺探情报而被朝廷拒绝。明州港转而以民间贸易来往为主了，这种贸易曾达到相当规模。据《高丽传》记载，在绍兴九年（1139），仅中国商船到达高丽的，全年4批合计达327人。

宋代明州港为我国四大港口之一，与广州、泉州、杭州并列。鼓励本国商人出洋贸易，对外来商舶商人予以良好接待，据《宁波港史》记："从高丽输入的商品，主要是：细色有银子、人参、麝香、红花、茯苓、蜡；粗色有大布、小布、毛丝布（苎麻织成的布）、栗、枣肉、漆……"主要品种就多达40种。

明州港输出的商品，通过中外舶商转运销往各地的，更有商人直接外销的，销售数量之大。以商人李充为例，崇宁元年（1102），李充从明州出发的公凭（出口许可证）上记载的货物有：象眼40匹、生绢20匹、白绫20匹、瓷碗20床（每床20件）、碟子400床。这只船共载货5种，瓷器占了2/5，可见越窑青瓷在出口货物中所占的重要地位，其中碗、碟、茶具当在其中。

说明越窑青瓷茶具在输出到朝鲜半岛的历史，出土文物是最好的佐证。在朝鲜半岛出土的典型青瓷茶具有，新罗地区庆州拜里出土玉璧底碗，年代为元和十年（815）；锦江南岸扶余，出土玉璧底碗15件，时代为唐代；古百济地区的益山弥勒寺，出土的玉璧底碗和花口圈足碗，时代为大中十二年（858）；雁鸭池出土玉璧底碗，为唐天祐四年（907）越窑青瓷；莞岛清海港张保皋驻地出土了玉璧底碗、大环底碗、双耳罐、执壶等。

五代时期，典型的有高丽光宗安陵出土花口圈足碗、盘、盏托、壶盖等。作为文字记录而留下来的，有光宗下赐元光大师的越窑金扣瓷钵。

北宋初期越窑青瓷出土，具有代表性的有开城高丽王宫满月台的越窑青瓷残器，扶余扶苏山城出土的碗，还有广为人知的，在高丽古墓出土的越窑青瓷唾壶等。玉璧底碗高低大小，与1974年宁波市和义路唐代遗址出土的一样。玉璧底碗在宁波市博物馆有藏品，唾壶在慈溪市博物馆也有收藏。朝鲜半岛上出土的越窑青瓷产品，与陆羽赞许的"碗，越州上"茶具完全一致。

（二）

越窑青瓷输入日本的历史更为丰厚。有学者认为中国的陶瓷首先传入朝鲜，然后传入日本的唐津，它是从商品的交易开始"输入"日本的。但也有学者认为从明州港起程的青瓷产品，除了商贸活动之外，还有更多的文化因素。在平安时期，文化使者先后来往于中国和日本之间达一百多次，运载着大量的陶瓷器前往销售。仅日本西部就有230余处遗址中有出土唐至北宋时期越窑制品。据林士民先生统计，有190余处出土了上林湖、东钱湖窑场的青瓷制品。最早的年代为中唐晚期。福冈县出土唐代玉璧

日本博多跨越出土盖盆器身

底碗、花口碗、唾盂、双系罐、执壶等；知歌、鹿几岛、熊本、佐贺等县均出土了玉璧底碗、矮圈足碗等器物；在鸿胪馆遗址就有2 500多个点片越窑。立明寺等处也都发现唐代越窑瓷器，在京都筑前市大门府等地方，都有唐代越窑壶出土。五代北宋时典型的器物有福冈山出土线刻花卉腹部开光的执壶、牡丹纹碗、盘等；药师寺出土有北宋开宝六年（973）上林湖青瓷制品。已故的日本东洋陶瓷学会第一任会长三上次男先生说："总之，越窑青瓷出土数量比三彩及白瓷为多。这些产品从支烧方法看，不单纯是余姚越窑产品，也有余姚邻近地区越窑产品。"

越窑青瓷传播到日本，从上述所知众多的遗迹史料来看，不仅会有和其他国家一样传入途径的共同之处，包括像朝鲜半岛输入的贸易渠道，还有一个富有特色渠道，那就是禅茶文化。

依托禅茶文化把青瓷茶具传播到日本，明州有坚实的基础，早有"东南佛国"之称，金峨寺是唐代怀海和尚孕育《百丈清规》中僧人用禅茶规则之地。名山古刹高僧辈出，有宏智、虚堂智愚、空海、元祖、重显等在海内外有较高影响力的高僧，而且有天童寺、阿育王寺、雪窦山禅寺、七塔寺等众多寺院为中外人士所向往，更为日本列岛上的宗教界景仰。他们来华学佛往往借代官方力量，早见诸文字的有日僧最澄等到明州记事。唐贞元二十年（804），日本遣唐使船，第二舶100余人，在明州登岸，其中27人前往京都长安，同船到达的有最澄、义

天童寺

真、丹福成由明州上岸后则去天台山国清寺学佛巡礼。明州判史陈申为他们开具了前往天台的文牒，翌年最澄一行回明州时，台州判史陆淳开也为他们开具了文牒，他们经四明山地域再到明州港回国。宁波观宗寺立有最澄在明州上船回国的纪念碑。最澄回国时带回茶籽、茶具、佛具（包括禅茶用具）、佛经等（引自《文物与考古》109期《比睿山延庆寺综览》）。北宋时，日本采取锁国政策，不准日本商船到外国贸易，中国商船多数从明州港签证出发，入宋的日本僧人搭乘中国商船来往于日本与明州之间。到了南宋时期，因明州港邻近都城临安，经济腹地深入开发，港口作用日见突出。这时，中日交往活动频繁，来华的日僧有荣西、道元等。宋代日本禅师荣西到天童寺和阿育王寺学禅，从天童寺等地带去茶树茶籽，种植于日本的福冈，开辟了日本茶道之先河。荣西还写了《吃茶养生记》，宣传饮茶好处。他说："茶也，养生之仙药也，延龄之妙术也。山谷生之，其地神灵也。人伦采之，其人长命也。"后来，天童寺建千佛阁时，荣西从日本运来一百根大木头助建。现在天童寺为纪念千佛阁历史见证，于千佛阁原址的东边山上兴建了一座千佛塔。继荣西之后，日本禅师道元是日本村上天皇第九代后裔，他拜荣西高足明全为师达九年之久，又通过明州港，在天童寺求法并学习茶礼，归国后以唐朝《百丈清规》和宋朝《禅苑清规》为基点，制订了著名的《永平清规》，道元在天童寺专拜曹洞宗如净禅师，从其授权，道元成为日本曹洞宗的祖师，视天童寺为日本曹洞宗祖庭，在天童寺、宁波江厦公园分别设有道元纪念碑。有鉴于宁波

（明州）丰厚的禅茶基础，2010年4月，第五届世界禅茶文化交流大会在宁波举行，有交流大会碑记立于宁波七塔寺，记有"至若海上茶路开，巨舶起碇于明州，横海绝洋，达于异域，茶瓷丝帛上国之物，轮传外邦。异国之人品饮佳茗，无不倾倒，皆额手相庆曰：始知中华乃有圣物"。碑文中提到的茶与瓷是品茗时相互依存关系，不可分割，如同吃饭要用饭碗，饮茶要用茶杯、茶盏。《百丈清规》中规定的大众茶、巡堂茶等，这些禅茶仪式均离不开茶具，越窑青瓷茶具则是上乘之物。

（三）

传播到亚太地区许多国家的越窑青瓷，从出土的器皿文物看，以适应日常生活需要的用品为主，以至瓷具往往粗劣优质并存，随着技术的提高，逐渐有了文物价值，其中有的体现出了高超的手工工艺。以印度尼西亚为例，西爪哇地区有6处，中爪哇地区有2处，东爪哇地区有7处，苏拉威系西有1处，都出土了唐到北宋早期越窑碗、盏、灯、执壶、盖壶、盖碗等制品。在苏门答腊巨港、巨港西岸、南榜省、姆亚瓦占碑、巴丹哈里、河岸等地都出土了唐宋时期越窑制品。从黑石号沉船和井里汶沉船可知越窑青瓷输入之多。

在印度尼西亚苏门答腊海域中，"黑石号"沉船于1998年打捞出越窑精品达250余件，经考证，这批越窑青瓷应为9世纪上半叶与西方交流的物证。"黑石号"沉船中出土的越窑瓷器造型十分丰富，包括海棠式大碗、海棠杯、花口碗、玉璧底碗、香熏、唾盂、刻花

唐深腹碗
（印度尼西亚苏门答腊海域1998年"黑石号"沉船出土）

五代北宋牡丹纹执壶

（印度尼西亚爪哇井里汶海域2003年2月"井里汶"沉船出土）

盆、刻花方盘、执壶、盖盒等。

井里汶沉船在印度尼西亚爪哇井里汶海域，2003年的"井里汶"沉船中，打捞出越窑青瓷制品30余万件，其数量之大、品种之丰富为史无前例。出土的碗一项就有8万多件，其中葵口碗、莲瓣纹碗、莲子纹碗、刻花盏与盏托具，都是上林湖、东钱湖窑场常见的典型茶具。还有各式执壶小嘴茶壶、瓜棱腹的罐、堆塑纹罐和莲瓣纹罐、茶具等都很别致。盘类刻有双鹤、双蝶、莲子纹等。盒类有八角、鹿纹、镂空等品种。其中人物坐饮图执壶，莲瓣纹各式碗、盘、叠盒等一组器物与铭文器，都是典型的五代、北宋初期的越窑器具。

在菲律宾、马来西亚、泰国、印度、斯里兰卡都发现了9—10世纪的越窑青瓷，反映这些国家对当时越窑青瓷的大量需求。马来西亚的沙捞越等三地的古文化发现10世纪的十瓣口青釉瓷碟等。在菲律宾吕宋岛南部、棉兰老岛西北部等地也发现9—10世纪的越窑青瓷六棱浅钵、越窑青瓷壶、水注等，在泰国马来半岛和南部林民波等遗址上出土了一定数量的越窑玉璧底碗与大环底圈足碗。印度在罗马时代的南印度西海岸阿里卡美道出土的越窑青瓷为唐末五代制品。在斯里兰卡的西北部满泰地区出土了9—10世纪的越窑青瓷碗残片。

早在一千多年前后，正是我国唐末五代宋初时期，越窑青瓷器皿（包括茶器）外销到亚太地区，青瓷文化在境外积淀丰厚。

二、融合世界贸易的见证

（一）

在中国几千年的文明史上，没有任何一种商品能像越窑青瓷那样，在世界上销售之广、传播之早，改变着世界人类生活。

越窑青瓷从唐五代、两宋走向世界，由明州港向世界众多国家出口，同时也促进科技进步，出口的需求大大提高了中国的造船水平。明州制造的船只可以载重200多吨货物，借助航海技术的进步，那时太平洋成了中国人的天下，除亚太地区的国家输入大量青瓷之外，也向世界其他国家输入越窑青瓷。在中东和非洲，依托波斯湾和波罗的海，瓷器进入许多阿拉伯国家。

习近平主席在谈到古代海上丝绸之路的重要港口明州（宁波）时，仍形象地比喻为"活化石"。宁波城里有不少地名存有中外贸易的印记，在古明州港口码头附近有波斯巷，因阿拉伯商人云集而得名，波斯馆则是设在波斯巷附近的市舶宾馆，以接待阿拉伯商人为主。

古代的波斯包括当今的伊拉克等中东国家，存有多处越窑青瓷原始器皿。伊拉克的沙马拉发现的越窑青瓷和其他唐代的陶瓷器十分有名。沙马拉位于底格里斯河畔，836—892年这里曾是首都，发掘出土了上万件陶瓷，其中有些瓷器基本是完整的，出土地点主要在沙捞越河的三角洲。这些瓷器"上起唐，下至北宋前期"。据多数研究者认为"所发现的越窑碎瓷片与浙江余姚上林湖出土的完全相同"。典型的"小圆凹的玉璧底碗和葵口、撇圈足碗，腹部外凹隆起四条筋的圈足碗，它的内底有素面，也有划花的"，产自慈溪上林湖，也与宁波唐代海运码头出土的器物一样。

以明州港为代表，宋代的航海技术相当发达，航海的中国商人是后来形成有名的宁波商帮先驱，史料称"当时世界上只有横跨欧亚大陆的阿拉伯帝国可以与中国抗衡"。且看这一带至今犹存的越窑青瓷遗存。

在伊朗的席拉夫是波斯湾古代繁荣港口之一，在这里发现了大量中国的陶瓷，最典型的是唐代越窑青瓷。内沙布尔据莱恩《早期伊斯兰陶器》记载，早在8世纪末，我国瓷器已大量运往该地，其中在米纳布（霍尔木兹峡东北岸）出土了晚唐、五代的玉璧底碗、敞口碗等越窑制品。阿木反斯港遗址中出土了许多唐、五代越窑青瓷残器。赖依等地出土唐、五代越窑青瓷，林士民研究员于1975年10月，在北京中国历史博物馆史树青先生处，见到日本小山富士夫赠送的越窑青瓷玉璧底碗，该器是在伊朗尼夏普尔出土，1964年于伊朗德黑兰得到的。它是使用匣钵烧制的，是上林湖典型的器物之一。

位于阿拉伯半岛东部的国家阿曼，是波斯湾通往印度洋的门户。从1980年起，在古代著名贸易商港苏哈尔古城堡遗址中，出土了五代的越窑青瓷器残件。

五代北宋越窑青瓷器物

（埃及佛斯塔特遗址出土）

肯尼亚处于非洲东部，地跨赤道，东临印度洋。在北部海域拉姆群岛中的曼达岛上的伊斯兰遗址中，出土了9—10世纪的越窑器；在蒙巴萨以北的吉迪，出土了包括越窑青瓷在内的大量青瓷类残器。

巴基斯坦的巴樽，位于旧都卡拉奇与著名的宗教城市达塔之间。在那里，随处可见晚唐时期的越窑青瓷及长沙窑釉下彩绘瓷、北宋初期的越窑划花瓷标本。卡拉奇古城遗址中曾出土唐执壶、水注等器物。

位于非洲东北部，阿伊扎布是10世纪红海沿岸的中转港，在遗址中也出土了晚唐、五代的越窑青瓷器。

（二）

境外越窑青瓷遗迹从一个侧面，反映了古代中国外贸兴盛。有学者根据史料分析，两宋是中国最富足的朝代。南宋在临安建都150余年，很多年税收超过一亿贯，相当于七八万两白银，超过元代、明代和清初的任何一年。这个纪录只有到清代乾隆最鼎盛时才被超越。而两宋三百年间，农民的负担并不沉重。那么，这些税负从哪里来？很主要的来源就是贸易，而瓷器成了继丝绸之路第二种远销中东和欧洲的中国商品。

越窑青瓷何以凭贸易途径走向世界，无论是在鼎盛时期，还是衰落时期，一种无形的潜在力量纵贯千秋，瓷脉、文脉交融在一起，古代上林湖窑口密集，先民都有祭窑神的习俗，窑神成了窑工心中之神，绵延相传，形成越窑青瓷文化，其在世界各地的影响，这里以非洲坦桑尼亚和埃及为例略述如下。

坦桑尼亚地处东非，那里的高尔岛哇遗址，出土了唐末和宋初的越窑青瓷器。在桑给巴尔岛的西南岸，1984年英国学者霍顿等在那里进行考古调查，发现有长沙窑瓷器，对于长沙窑器的外销，周世荣先生曾说是靠越窑器带出去的。美国学者波普说，在基尔瓦出土了唐末宋初的越窑青瓷和白瓷，发掘者惠勒在坦桑尼亚进行考古工作时说："我一生没有见过如此多的瓷片，……在沿海和基尔瓦岛所见的，毫不夸张地说中国瓷片可以整锹地铲起来……""从10世纪以来坦桑尼亚地下埋藏的历史是用中国瓷器写成的。"

在埃及境内，当推开罗附近著名的古遗址佛斯塔特遗址，在9世

唐玉璧底碗

（埃及佛斯塔特遗址出土）

纪时非常繁盛。通过1912年、1964年、1966年几次发掘，出土陶瓷片7万片之多。其中很多的是越窑残器，还有刻着莲花、凤凰等纹样的瓷片，其中有一次出土673件，推断年代为唐到宋初期，与出自上林湖的小圆凹玉璧底碗一致，是唐代的典型器物，四周尚留支烧印痕。这里还有撇足碗、唾盂、执壶、盒、罐及小盏等；五代的双凤盘和以刻画手法相结合纹样的有盘、杯等。以上器物与鄞州（东钱湖）窑中的郭家峙生产制品相似。

1981年5月，林士民先生首次接待了应邀来我国参加由中国对外友协承办的"中日贸易史研究工作"的古陶瓷学者，其中包括代表团团长三上次男等人。他们给我们展示了在非洲佛斯塔特遗址中发现的器物照片，多为碗、盘等。我们进行了标本对比，发现皆产自慈溪上林湖。中国社会科学院考古研究所所长夏鼐在《作为古代中非交通关系证据的瓷器》一文中说："从唐宋以来，中国瓷器运到非洲是很多很多"，"早到晚唐、五代"，"大部分是越窑"。埃及库赛尔古城，在苏伊士南约550公里的红海海岸，它自古以来便是埃及红海沿岸唯一的港口城市，长期以来这里不断出土中国的古瓷。据悉，1966年日本三上次男先生来到该地调查，发现了大量唐末、宋初的越窑青瓷。

越窑青瓷是贸易产品，也是艺术珍品，富含经济的、文化的因素，尤其是文化因素，在聪敏、勤劳的中华民族面前，在以慈溪为主的浙东人们心目中，面对上林湖的越窑青瓷遗址，坚持文化自信，坚持传承创新，越窑秘色瓷会重放异彩。

三、提升人类文明的地位

（一）

越窑青瓷在海外的文化价值，尤其以茶具为代表的碗、壶、盏、杯、托等传播到全球许多国家后，对人类文明发挥的重要作用，很难以经济价值观来比较、来衡量。越窑青瓷，作为中国母亲瓷，其文化魅力，纵然有山川、戈壁、森林与海洋的间隔，却始终绵延不绝，彰显了文明交流的历史。我国瓷器发明受到各国赞许，结合瓷器在文明中的重大贡献，在世界上我国获得"瓷国"的称号，大写的"CHINA"与陶瓷同义。

且看中华民族在漫长的历史中，依托天时地利人和，以瓷器为载体，在世界人类文明中展示着越窑青瓷的魅力。越窑借助所处的独特自然地理优势，上林湖的大量青瓷产品，经当地东横河水运经浙东运河，送到当时我国对外交流的主要港口明州港出海。明州（宁波）位于中国大陆海岸线中段，兼得江河湖海之利。向北、向东到朝鲜半岛、日本列岛有航海的优势，向南经闽广沿海可远航到南洋、西洋等地区，越窑青瓷作为出口的主要物资之一，推进明州"古代海上丝绸之路"走向辉煌。

（二）

明州港前人依托越窑青瓷开展对外交往，呈现文明因交流而多彩，文明因互鉴而丰富。

茶、瓷相互辉映，两者作为中华优秀传统文化的组成部分，成为中华民族与各国人民和谐共处的载体。人所共知"茶和天下"，而茶具又是和茶相依相伴，不可分割。名茶与精湛的越窑青瓷茶具两者以独有的包容性走向世界。在中外人士共同品茗时，曾有以下的赞语："佳茗何以珍，适与茶具遇。两物皆称绝，予君共得趣。"国际交往中，不同的社会环境，不同的文化背景，差异是必然存在的，也是无法避免的，而茶和茶具跨越国界、穿越时空，被各地人们所认识、所理解，可以把饮茶的科学性和青瓷茶具的艺术性恰到好处地结合起来。而茶和茶具，长留世间各有欠缺，茶叶在历史文物中很难遗存，而传播在世界各地的青瓷是茶瓷长存千秋的最好佐证。

　　同样，和茶一样，青瓷茶具的开放性也在国际交往中尽显风流。青瓷茶具在造型上多姿多彩，形式万千，纹饰上技法多样，"图必有意"，"意必吉祥"，釉色上雨过天青，如同谦谦君子，又如文静淑女，沉得住气，低调向世界奉献高超的技艺和多重的内涵，以至学术界认定我国的瓷器不亚于古代四大发明。

　　据《宁波港史》记，明州港古代出口的物资主要为丝绸、茶叶、瓷具、棉花，以商贸形式在国际上打开了广阔的市场。同时，这些传播青瓷茶具之人，不仅自身享受，还把其中的文化内涵也传播到海外。后来形成有名的宁波商帮，他们在走向世界时，不忘当地祖传遗风，不忘故乡情，漂洋过海，总是准备茶叶、茶具，以至一抔泥土，除了寓意不忘家乡、不忘家人之外，还有科学道理。到外面遇上水土不服，这种算不上病，却让人感觉浑身不适，只要嚼几片茶叶，直至泡上几碗家乡茶，就能适应一方水土。而这种宝贵的生活经验和文化，不是以生意为先，而是以礼仪形式，向对方介绍东方的华夏文明，包括以茶会友、以茶待客、以茶养生、以茶自省等风俗，在与茶叶为礼的仪式中，瓷器茶具总是默默无闻充当配角。中国有"买椟还珠"的成语，说的是讲究的外包装有时比里面物品更重要，能起到吸引人眼球的作用，而且和内质外观一致，茶罐越精致，茶叶越高档。这一现象也影

握手——越窑青花茶具

响到境外，欧美国家里中产家庭都有带玻璃门的瓷器柜。越窑青瓷绵延至今，自然为香港、澳门、台湾同胞和国外友人所钟爱。2019年6月，有位香港同胞回宁波家乡捐巨资兴办教育，临别时，主人送给他一套青瓷茶具，他仔细触摸着青瓷茶具光洁平滑的釉彩，高兴得爱不释手。

　　先进的文化，作为潜在的力量，总在促进人类文明，以越窑青瓷为例，影响到社会政治、经济贸易、人们生活的各个领域。茶和茶具交融，茶难以存放，而瓷器茶具千古流芳，佐证茶具和茶叶共同在人类文明中的贡献。日本著名学者三上次男先生，终身践行他毕生的愿望：探索陶瓷之路的源头。调查了世界各地的中国古陶瓷出土情况，惊喜地发现这些青瓷的外销，是中国历史上继丝绸之路以后，又一条贸易航道——"海上陶瓷之路"，这是宁波作为古代海上丝绸之路的标志。为了探索陶瓷之路的源头，1985年5月，三上次男先生不顾年事已高，率领日本出光美术馆代表团参观了上林湖越窑遗址，面对丰富的青瓷碎片遗存，他缓缓地跪下去，抚摸一块块青瓷原物，惊叹这人类文明的象征。时轮推进到1998年4月，三上次男的学生岛根大学教授田中义昭先生步三上次男的后尘，又率领日本旅游团到上林湖

日本福冈县西谷火葬1号墓出土

参观，当他踏上已经发掘的荷花芯窑遗址，目睹这条40余米长的唐代龙窑，仿佛时光倒流、置身在唐代龙窑的炼制现场，亲自与窑工攀谈并在离别时，向上林湖越窑遗址文保所所长发自内心的感叹："哦！中国真伟大。"

越窑青瓷在宗教领域传播，被作为一种崇拜物，成为宗教仪式的祭祀用具。在瓷器成为商品之前，日本各地出土的中国瓷器大都是在各地佛教寺院中发现的。它们或者是我国高僧直接从中国带入，或者是由日本皇室、大臣将受赠或购得的瓷器珍品转赠给寺院供奉。它们有的作为寺院的压胜器具被珍藏，如同宁波阿育王寺内珍藏舍利，有的也作为僧人的法器被应用而保存。在京都市右京区御室仁和寺圆堂遗址出土的就有10世纪初越窑青瓷。菲律宾崇拜中国古瓷，普遍随葬中国瓷器，所以在那里我国瓷器被称为"坟墓里的器皿"。菲律宾人除了用瓷器作随葬品外，还将瓷器直接作为棺具以葬，菲律宾被称为"祖骨崇拜"的"瓮棺葬"。

古代人们注重厚葬，视死如生，不仅死后讲究享用青瓷，生前对瓷器的享用更是十分讲究，对于追求奢侈生活的人来说，用上越窑青瓷茶具是身份的象征。因为在晚唐至宋初时期，世界上许多国家都未生产瓷器，更谈不上出产美轮美奂的越窑青瓷茶具，所以当越窑青瓷传播到海外，都被视为珍贵物品，只有贵族才能享用，以至越窑青瓷被作为权力、财富的象征，几乎每个瓷器输入国的国王、王后都搜集、收藏中国瓷器的精品，以珍藏越窑瓷器为幸，以衬托自己至尊的地位。在历史长河中，这些珍品成为博物馆收藏的主要目标之一。

（三）

青瓷茶具和茶叶交融，成为中外友好人士友谊的纽带、合作的桥梁，在中东欧国家中，直至影响千年。到了19世纪，沙皇俄国饮茶但还不生产茶叶，后来俄国商人波波夫从明州港出口茶具、茶叶时，寻访到宁波茶厂刘峻周，并聘请他带宁波前后两批共20名种茶技工，到格鲁吉亚种茶成功。刘峻周在格鲁吉亚近30年，先后得到沙皇帝国的劳动勋章和列宁勋章，与当地人们结下深厚的友谊。20世纪，一位当时苏联友人辗转四方，前后寻找刘峻周30余年，最后在甘肃兰州图书馆找到刘峻周之女，得知刘峻周早在1940年在哈尔滨去

唐四系罐、五代北宋执壶
（菲律宾遗址出土）

世。这段包括茶具、茶叶的茶文化轶事，成为中俄两国友谊佳话。

2002年，在马来西亚吉隆坡举行的第七届国际茶文化节上，马来西亚首相马哈迪尔说："如果有什么东西可以促进人与人之间有关系的话，那便是茶，茶味香馥，意境悠远，象征中庸和平。在今天这个文明与文明互动的世界里，人类需要对话和交流，茶是最好的中介。"而与茶不可分离的茶具，当和茶结合时，同样具有这位首相所说的意义。尤其是越窑青瓷茶具，在世界文明互动中发挥其重要功效。

以茶具为特色的越窑青瓷，由物质的精粹到精神的升华，积淀成厚重的文化，融入中华优秀文化的行列，为人类文明作出贡献，得到世界上众多国家的认同和赞许。作为文化软实力的越窑青瓷，属于中国、属于世界，作为越窑青瓷的中心区上林湖引以为豪。

世界各地遗存千年的上林湖越窑青瓷，是世界文化的瑰宝，是人类文明的代表作。

第六章 ◎ 青瓷茶具精美源在工艺

越窑青瓷茶具精美，源头在于其精湛的工艺。工艺精美方能积淀成中华优秀传统文化的载体之一，并得以绵延千年。本章着重记叙越窑青瓷的材质釉色美、器型丰富美和工艺装饰美，揭示了秘色瓷工艺的奥秘，并且从美学的视角，以执着的精神来提升和传承中国母亲瓷这一优秀文化遗产。

唐代荷花茶具

上林湖八棱净瓶

一、青瓷茶具的传统工艺

（一）

以上林湖为代表的越窑，不但是中国瓷窑的开山始祖之一，而且是中国瓷窑中最负盛名的瓷窑，其丰厚的文化积淀，成为我国传统文化的重要组成部分，也是实际载体，其坚实的基础是其工艺技术。上林湖越窑青瓷的影响，尤其是通过青瓷茶具，表现在浙东及全国各地窑场继承和发扬上林湖的制瓷工艺。

日本的瓷器是由中国传播过去的，有许多人尽毕生精力从事青瓷研究。东京艺术大学名誉教授、清华大学美术学院特聘教授、国际陶艺教育交流学会会长（ISCAEE）岛田文雄是青瓷界泰斗级人物，2017年4月在天一阁书画艺术院作"坐而论陶"演讲。当时在场的清华大学美术学院陶瓷艺术设计系主任郑宁对他的记忆犹新：对龙泉瓷的研究，最终还要追溯到越窑上。他还告诉郑宁，世界上最难烧的就是青瓷。有中国母亲瓷之称的上林湖越窑青瓷和茶具，似同一株生长在浙东大地上的参天古树，也是古今中外各个阶层的人们都曾为之倾倒的人类文明之树。有学者作了形象贴切的比喻："在古瓷系统树上，越窑相当于生物学上的'纲'这样一个大概念，从它分化出的'目''科''属''种'及'亚种'的不计其数的窑群和窑场，与之相对应的则是以县域窑址所在地命名的具体窑名。不过，古瓷系统树上的越窑实际上已成为优异技术基因的代名词，当它在越地终止时，其旁生斜长的枝杈却早已在更广阔的空间里别开生面，并继续分化出更多的类型。不难想象，古瓷系统树那枝繁叶茂的巨大树冠，有很大部分是由越窑这根粗壮挺拔的树干支撑着，这图景自然是极其雄伟而瑰丽的。"

越窑青瓷茶具，从典型的茶盏、茶托、瓜棱茶壶等，都能从上林湖窑场找到它们的"娘家"。大批青瓷器皿看似容易实则艰辛，每一件器皿都要经过72道工序，主要有备料、选型、修坯、装饰、上釉和烧窑等。

以青瓷茶具胎泥的备料取土来说，从取土到成为胎泥，就有六道工序。

一是取土，百里之内必产合用土色。古代多为就近取材，前人在上林湖及周边取土，瓷土挖来后，窑工把杂泥去掉，使瓷土纯净。二是原料加水搅拌，其目的在于使瓷泥进一步去除杂质，并且使颗粒更细匀。三是原料陈腐，把处理好的湿泥加水让它陈腐，使泥土更加细软，促使瓷土中的腐殖质腐烂，有机物溶解，这道工序时间较长，加盖后需陈腐一两年。四是过筛，把陈腐后的原料水洗，再用40目的较细铜丝网过筛，将腐物等过滤除去，使瓷泥更纯更韧。五是揉泥或称原料炼泥，将瓷泥进行不断地锤炼，锤炼过的瓷泥，不仅黏性增加，而且可塑性大大改善，延展性非常好。六是原料储存，把锤炼后的坯泥，制成砖块状的瓷器原料等形式保存，或者在堆料房中堆存。不管哪一种形式，目的是在制坯时可以随时取用。为有利于拉坯，还有一条重要的经验，掌握好坯泥的干湿度，太干燥会影响拉坯，太湿了坯立不起来。从上林湖出土的茶碗、茶盘等残器进行检测，发现制作茶具的瓷土坯泥都较精细，瓷土呈灰白，肉眼看到的颗粒都十分均匀，标本中很少有气泡和杂质。

上林湖窑工在备好精良的胎泥之后，要投入造型和修坯阶段。青瓷茶具的主体骨架是十分重要的，一件的成功茶具强调线条美。线条美不仅表现在总体造型上，而且贯穿在所有的细节中，如茶盏和茶托，以轮制为工具往往采用分段拉坯制作。五代与北宋时期茶具制作的圈足特别规正。茶碗的圈足都是与器身分段制作后再粘上去的。在成型的过程中，每一个角的修接都要平整、光滑，茶盏与茶托的每一个角，不仅各面对称平衡，而且收缩线条皆流畅挺骨，而且坯体要求厚薄得体均匀，全凭作者纯熟的手艺。

上述所记还是初制成型的茶具，接着还有一个重要环节称为修坯，也叫精坯。对初制成型的茶具器皿进行认真细致的修饰，特别是接头、接边上下等处，使器物的每个面端正、光洁，为下一道装饰技艺打基础。若茶具器皿修坯不正，就会造成烧制过程中开裂、断裂，成为废品。

装饰是茶具器皿制成后的精美工艺。装饰工艺在每一个时代都有不同的要求和题材。唐代烧造的茶具大多以素面为主，以釉色之晶润取胜。五代与北宋时期茶具器皿出现了划刻、线刻，题材多样。划花多用针状工具，划出平面线条。刻花使用刀具，有一定宽度，可变化使力角度，刻出深浅不一花纹，立体感明显。工艺技法上，划花、刻花可独立运用，也可刻、划兼施，各自用相应的工具。刻、划从效果上可分为阴、阳两类，各有其特色。为美化器皿，还有其他装饰工艺，包括镂雕，多见于香薰等器物；堆塑，用手捏或模制的方法，制成人物、动物等堆塑件，然后有规律地将其粘接到器物上；又如模印，用一块印花模子，刻出图案，在坯体上印出一个个花纹，线条复杂。如需大量生产的

后司岙出土碎瓷片

后司岙出土纹饰

器物，才采用模印技法，可节省大量工时。再如金银饰，又称金银扣，一种是器口器足上镶嵌金银边，另外一种是器身上烫金。唐、五代时金银饰的再加工兴起，可使器皿显得更美丽华贵。青瓷的装饰工艺还有打模、戳印、绞胎等。

上釉是上林湖越窑青瓷茶具呈现色彩特点的重要阶段。东汉末年，某一次烧窑时，熊熊的火焰将窑温提高到了1 100℃以上，这时意外发生了，烧窑的柴火灰落到陶坯的表面，与炙热的高岭土发生化学反应，在高岭土陶坯的表面形成一种釉面。当窑主和陶工们在几天后打开这个窑，看到了因柴火灰溅落而形成的有斑斑点点釉色的陶器。他们很快找到了产生这种意外的原因——既然柴火灰可以让陶坯包上一层釉，何不在烧制前主动将陶器浸泡在混有草木灰的石灰浆中呢？这是一个伟大的发现，因为它解决了困扰人类几千年或许上万年的问题——怎样让烧制出的器皿不渗水。从东汉末年以后，人们的陶器烧制技术不断提高。当窑内的温度达到1 250～1 300℃时，奇迹再次出现：高岭土坯呈现半固态、半液态的质态。高岭土内部的分子结构发生了根本的变化，就形成了上釉的瓷器。

上釉工序之多，以配釉来说，先要配料：主要成分是基础白釉、瓷土和必不可少的草木灰，再经过球磨和120目筛子的过筛，接着是调节浓度，添水把过筛后的釉搅拌均匀，调整到合适的浓度，这个配釉原料成功后，在茶具器皿上施釉有多种技法，包括蘸釉、荡釉、浇釉、拓釉、吹釉等，而主要是浸釉法。浸釉法说来很平常，其实不然，从器物开始浸入釉到完成，这个时间很短，不过3～5秒，要由熟练操作技术的老师傅才能掌握好分寸。不同技艺施上釉后器皿上的呈色就不一样了。越窑青瓷茶具的釉色大多施青釉，色泽青，釉面晶润，如冰似玉。五代北宋时期，茶具的釉色偏于青绿与湖绿色。

烧窑是烧制瓷器最终的关键阶段，所谓"一烧、二土、三细工"。

越窑青瓷茶具在烧制过程中最重要的几点是：升温、降温的速度；还原焰的控制；氧化还原气氛的转变点。

（二）

继承传统的制瓷工艺，其复杂和细腻，不仅需要从书本上学习先民的经验，更要注重实践的操作，在两者结合上仔细体悟，方能真正掌握制作越窑青瓷的工艺真谛。

笔者在陶艺路上，凭着一股执着的精神，发挥自身的优势，在继承传统青瓷工艺上自有一番感慨。

青瓷烧制主要工序

我出生在与上林湖相邻的余姚城里，美术和音乐伴我度过了童年和少年，当时经常到三爷爷家里玩。出于爱好，我经常看三爷爷施于人作画写字，他称赞我有艺术天分，便指导我画画、写字，也教我区分陶瓷的优劣。三爷爷还经常在家里说：家族中早在20世纪30年代已经有中国第一位双博士施浒立，还没出过女大学生，要让施珍去当第一个吧！此后我去中国美术学院进行美术培训，石膏像写生、头像素描写生、静物色彩写生……一步步走进专业的美术学习，隔年我考入了景德镇陶瓷学院美术系，学习陶瓷设计专业，三爷爷说美术做底，可以提升审美水平，对学习陶瓷艺术大有裨益。长大了才知道我的三爷爷施于人是中国现代著名陶瓷教育理论家，景德镇陶瓷艺术学院的创始人之一。我从小接受家庭的艺术滋养，到后来在书本和实践结合上匠心别具，受到来上林湖考察专家学者的肯定和鼓励。

现选录中共浙江省委宣传部原副部长、中国美术学院原副院长、教授高而颐的书面评述："施珍在上林湖畔创办陶艺研究所，并专心从事恢复越窑青瓷的烧造制作，起到了很好的带头作用和推动作用。中央电视台、浙江电视台等新闻单位以他们特有的敏感纷纷采访报道。我也跟进考察、调研了施珍重塑越窑青瓷的经历，有感而发，写下了'陶瓷世家，科班出身，国外深造，台湾授业，回归家乡，坚守越窑'的赞词。施珍的三爷爷施于人教授是景德镇陶瓷学院的领导，在长辈中不乏我国著名的陶瓷艺术家，都是她直接的老师。她毕业于景德镇陶瓷学院，可谓接受了科班正规教育。其后又去韩国首尔产业大学陶艺系深造，有较为全面的艺术功底和艺术修养。数年中往返台湾等地交流授业，进一步开阔了视野。回到家乡后，又专程到龙泉拜中国工艺美术大师徐朝兴为师，学习手工技艺和烧造工艺。最后的落脚点还是放在慈溪上林湖畔的越窑青瓷。我赞扬她是一位货真价实，知识、修养、技艺全面的陶瓷艺术家。我更赞扬她为坚守越窑所付出的努力与取得的成果。"

领导和专家的肯定，对我来说是一种鼓励和鞭策。我在上林湖创办上林湖越窑陶艺研究所，深切体会到越窑青瓷的传统工艺积淀千年，丰富厚实；它又沉睡千年，继承传统工艺任重道远，更要挖掘、开发这一人类文明的宝贵遗产。

二、秘色瓷工艺揭秘

（一）

　　越窑秘色瓷声望之高，影响之广，却又披着神秘的面纱，成为千古谜团。1987年陕西法门寺地宫出土的13件秘色瓷和八棱净水瓶，包括茶具，因与帝王的特殊关系，对于何谓越窑秘色瓷才有了比照、有了标准。但是，秘色瓷产自越窑何地？在烧制过程中又有什么特别的工艺？在彻底解开秘色瓷谜底的路上，人们重温陈万里先生早年提出的上林湖是秘色瓷产地之说。

　　人们的目标投向上林湖，多年的考古成果，让考古界和社会各界人士认定：秘色瓷的中心产地在上林湖。深入探讨秘色瓷的特别工艺被提上议事日程。从1990年开始，浙江省文物考古研究所与慈溪市文物管理委员会办公室合作，先后对上林湖越窑窑址群进行了详细的调查，并先后对古银锭湖低岭头窑址、上林湖荷花芯窑址、古银锭湖寺龙口窑址、白洋湖石马弄窑址进行了考古发掘。

（二）

　　在认识上林湖荷花芯窑外貌的基础上，我们剖析了荷花芯窑的烧制工艺。

　　1995年文物部门考古出土上林湖龙窑，因地处上林湖西畔的荷花芯，人们简称为荷花芯窑，那里有两个龙窑遗址，上林湖文物保护管理所就在窑址旁边。湖岸边立着全国重点文物保护单位石碑，旁有一处龙窑恢复古代原貌，古窑址上方建有长长的廊亭，有步道环绕。这口江南典型的龙窑，出土的匣钵中有会昌二年（842）铭文，跨越年代由唐后期至五代。美丽的湖山中，人们可穿越时空，在荷花芯窑与古代窑工对话中，加深认识越窑青瓷的工艺。

在湖畔沿山坡而建的荷花芯窑，首尾高差4米左右，窑口至窑尾长约45米，宽近3米，窑身净高1.6米，每隔一两米就有一个小窑洞，这是为方便放置或取出烧制的瓷坯。一窑每次可烧制数千件青瓷器皿，质量高低优劣不一，当时以柴为原料，投柴口在下方，每隔一两米的小窑洞关闭，斜窑本身兼任烟囱角色，有抽风功能，窑口温度最高，窑尾温度最低，窑中部温度最适宜，精品多置于中段，烧青瓷的温度在1 200℃以上，精品瓷坯在烧制时往往套上匣钵。烧成后，打碎匣钵，精品便赫然亮相，青光四射，分外诱人，秘色瓷茶具等器皿就在龙窑中段烧成。

在20世纪末期，慈溪寺龙口青瓷窑遗址经过两次大规模的科学发掘，发现有龙窑、作坊等遗迹及大量的瓷器，窑址在南宋时期曾烧造过一类产品，有别于越窑传统的青釉产品，而与汝窑、官窑非常相似，进而被确认为南宋时期为宫廷烧造的御用产品，从而揭开了南宋初期宫廷用瓷之谜，也把越窑的烧造历史从北宋中晚期延续到了南宋，这是中国陶瓷史上的重要发现，入选1998年度"全国十大考古新发现"。

（三）

彻底揭开秘色瓷之谜，并为考古界所认定的还是上林湖畔后司岙遗址的考古成果。2015年10月至2017年1月，浙江省文物考古研究所等单位对慈溪上林湖中心区域的后司岙窑址进行了考古发掘。发掘出龙窑窑炉、房址、贮泥池等作坊遗迹，同时出土了丰富的晚唐五代时期越窑瓷器精品，其中相当一部分器皿与法门寺出土的秘色瓷相同。

后司岙考古现场

这意味着，后司岙窑址就是秘色瓷的产地之一。在秘色瓷的研究史上，这是个全新的突破。

2017年2月25日，在由浙江省文物考古研究所、慈溪市人民政府联合举办的新闻发布会上，首次公布了上林湖后司岙窑址考古发掘研究的重大成果：后司岙窑址是上林湖越窑遗址中最核心的窑址，也是晚唐五代时期秘色瓷的主要烧造地，代表了9世纪至11世纪中国青瓷烧造技艺的最高成就。这次发掘面积近1 100平方米，发现窑炉、房址、贮泥池、釉料缸等在内的青瓷作坊遗迹。在清理厚达5米多的青瓷废品堆积时，工作人员又发现了包括秘色瓷在内的大量晚唐五代时期越窑青瓷精品。这次在窑址中发现的秘色瓷产品种类相当丰富，以碗、盘、钵、盏、盒等为主，还有执壶、瓶、罐、碟、炉、盂、枕、扁壶、八棱净瓶、圆腹净瓶、盏托等，每种器物都有多种造型。出土的秘色瓷胎质细腻纯净，釉色呈天青色，施釉均匀莹润，有些达到了"如冰似玉"的效果。

有专家说："考古是个没法后悔的过程。"后司岙遗址的考古挖掘，采用的是多种现代科技手段，有地面激光，低空无人遥感，近景摄影测量，每往下挖10厘米，就有一次影像记录，又因涉及上林湖水域，还采用了水下考古多种技术，揭示手段之高为前所未有，对每一件标本的器型、胎、釉等工艺特征都一清二楚。

上林湖越窑至今被誉为"秘色瓷的家乡"。许多专家学者在进行秘色瓷工艺研究，这里摘录北京大学考古文博学院李伯谦教授、故宫博物院文保科技部侯佳钰的研究报告。李伯谦教授说："具体到秘色瓷的研究，我们知道同样作为秘色瓷，其颜色也有差异。法门寺出土的器物为我们提供了标准，但是个体也存在差别，这是不同的窑室气氛所导致的。"李伯谦又认为，可以利用模拟考古的手段，看看什么样的气氛会产生什么样的结果，这将为进一步建立秘色瓷的标准提供一个思路。"从捡瓷片到运用考古学手段研究，再到综合的考古研究，是陶瓷考古研究方法的巨大进步。当然，仍有许多问题有待今后探讨。"

侯佳钰从科技分析的角度，利用X射线荧光能谱仪、光学显微镜、分光光度计等测试方法，对慈溪后司岙窑址和荷花芯窑址发掘出土的秘色瓷、普通越窑青瓷以及窑具标本进行了研究，以此揭示后司岙秘色瓷的胎釉特征和变化规律、后司岙秘色瓷与普通越窑青瓷的异同，以及后司岙秘色瓷匣钵与普通越窑匣钵的异同。

分析结果表明，后司岙秘色瓷的胎体和釉层元素组成与普通越窑青瓷无明显的差异。侯佳钰表示，晚唐至五代时期，普通越窑青瓷和后司岙秘色瓷的釉料配方，可能由二元配方变成了三元配方。这比北宋晚期定窑以及景德镇窑、龙泉窑宋元间才采用三元配方要更早一些。瓷质匣钵的原料有别于粗质匣钵，且瓷质匣钵原料选取和处理更加严格。"与普通越窑相比，后司岙秘色瓷釉色更偏青，且饱和度更低。后司岙秘色瓷特殊的瓷质匣钵＋釉封的装烧工艺，使得釉中二价铁含量多于普通越窑青瓷，导致釉色偏青。与普通越窑相比，后司岙秘色瓷的烧造工艺更加严格和稳定。后司岙秘色瓷的出现影响了当时社会对青瓷釉色的审美取向。"侯佳钰说。

后司岙考古现场

后司岙秘色瓷工艺与其他越窑所出产品有同异，如侯佳钰先生所说，其胎体和釉层元素的组成，与普通越窑青瓷无明显差异，但后司岙秘色瓷的烧造工艺更加严密和稳定。烧造工艺必须是密封的匣钵支烧，这道工艺的特性在秘色瓷工艺中有特殊意义，也是越窑的窑工们为烧造成秘色瓷创造的特殊技术。据科学研究的数据表明，秘色釉中的三氧化二铁（Fe_2O_3）有54%左右被还原成氧化亚铁（FeO），而青黄釉只有4.5%左右的三氧化二铁（Fe_2O_3）被还原成氧化亚铁（FeO），两者的还原率相差10倍之多，要提高三氧化二铁（Fe_2O_3）的还原率，必须在烧造和冷却的全过程中加以密封，才能烧出青绿色釉色。在目前看似简单的技术，在唐代却是窑工们在无数次的实践中才掌握的经验，目前还能在窑址中找到匣钵沿口带有釉封的工具。因此，密封匣钵支烧是秘色瓷的必备条件和重要依据。

从秘色瓷烧造的匣钵工艺和秘色瓷器皿的青绿色差异中，对秘色的定义出现了广义和狭义之分。广义的秘色瓷可谓优质高档的越窑青瓷的褒义泛称，对后代创新与传承结合中更有意义。而狭义的秘色瓷则指法门寺地宫出土的秘色瓷颜色，这对恢复古老的传统秘色瓷有借鉴意义。

（四）

秘色瓷的传统工艺在历史上显得珍贵和神秘，并赋予文化意义，越窑在五代后周时期，为周世宗柴荣的御窑，因此又名为柴窑，依托柴荣的地位提升为御窑。

秘色瓷传统工艺的文化符号又表达为崇拜窑神，窑神成为历史上别具匠心的工匠智慧结晶，意念专心的寄托，以至成为一种文化现象。浙江中立越窑秘色瓷研究所闻长庆先生在上林湖竹园山窑址上发现刻在窑具上的铭文，历史上早在东汉就有窑祭习俗。唐代诗记"九秋风露越窑开"，说明九月风露时节有开窑仪式，以至南宋时，丞相史浩有

《祭窑神文》，在当代继承秘色瓷工艺传统过程中，中国陶瓷艺术设计大师闻长庆代表浙江中立越窑秘色瓷研究所、浙江中立古陶瓷博物馆，于2017年9月承办了越窑秘色瓷开窑节。其间举行的祭窑神仪式十分隆重，在中立越窑秘色瓷研究所大门两侧，几位俊男美女身穿红色古装，

闻长庆祭窑神

擂响大鼓九通，演奏瓯乐古典九击，众窑工着古装齐诵《秘色瓷啊，秘色瓷》《阿答秘色瓷》诗歌，焚香祭拜秘色瓷窑神。在庄重的气氛中，由所长闻长庆吟读祭文。

现将《越窑秘色瓷开窑节》祭文转录如下：

日月华光灿灿，汉河清辉熠熠。

值此九秋风露，少长咸集，恭迎窑神，共沐丹桂之香，同享五行之利，拈香祈祷，祭窑神于斯。

尧耕舜江，禹封会稽，越始无余，世居钱塘。先人灵巧，制陶植桑，造舟筑栏，修文图强。商周以降，蜒殖瓷光。采泥制坯，龙窑烟火，神力有助，夺天工巧，举世无双，造化所致，精气所藏。贡奉中原，千里梯航，唐宋秘色，史册流芳。似玉类冰，陆羽激赏，千峰翠色，龟蒙羽觞，嫩荷涵露，青翠溢香。击瓯奏乐，乃成曲章，瓷绸之路，跨海越洋。惟宋已后，秘色绝响，失传千年，复古无方。中华盛世，国泰民安，闻氏父子，廿载梦想，万次窑火，点燃希望，追梦思幻，艰辛倍常，点石成金，再造辉煌。

感天恩浩荡，神德硕彰。中华文明，幸赖重启贡窑、官坊窑门，缅怀先贤，毋忘五帝三皇。尚飨。

三、"月染秋水"与美学

（一）

在施珍艺术研究所的展览室里，复制的秘色瓷，无论是宁波博物馆的镇馆之宝"秘色瓷莲花托盏"，还是法门寺地宫出土的秘色茶具，光泽滋润、清亮透明，令人误以为盛有清泉。前人描述谓"无中生水"，显得十分形象、十分精准。从美学的艺术高度、研究秘色瓷为代表的越窑工艺，继承传统工艺精髓，有其深远意义。因为越是传统，就越是经典，越是世界的。

不同时代对瓷器的审美也往往不同。时代有先后，从唐五代至宋的越窑青瓷来作美学分析则最为典型，从上林湖荷花芯窑和后司岙遗址看，秘色瓷烧制的工艺程序和一般越窑瓷器大体一致，而要特别关注，又值得研究的是秘色瓷应用特殊手段和设施所呈现的时代美。

研究秘色瓷的美学特征，可着重从以下三方面来分析：一是材质釉色美，二是器型丰富美，三是工艺装饰美。

一是秘色瓷的材质釉色美。秘色瓷是越窑青瓷的美学特征所在，唐王室墓出土的青瓷，证实青绿釉或青黄釉都为秘色瓷，釉色透明又具幽美感，色彩微浅，或碧玉般晶莹，或嫩荷般透绿，或山峦般透翠，质地和釉色互为依存，作为制瓷业主要原料为黏土类瓷石，这种矿产的形成是由浙东特殊的地质环境所决定的。得天独厚的上林湖，当年蕴藏着丰富的黏土类瓷石资源。从标本的断面观察胎质细腻，采用的瓷土经过精细淘洗，不含任何杂质，也是成为瓯乐的基因。如同唐代诗人顾况赞美的"越泥似玉之瓯"。而使人直接审视到秘色瓷精美的釉色施在优异材质青瓷胚胎上时，经窑工精致操作，烧制时又使用匣钵载体，呈现釉色均匀，极富美感，引得许多文人吟赋作诗赞美，徐夤"巧刻明月染春水"，许浑"越瓯秋水澄"。越窑青瓷的釉色特点，促进青瓷茶具风气盛行。因此，陆羽在其名著《茶经》记述，瓷青则茶色绿，称它为"类玉""类冰"，所施的青绿釉、青黄釉在素面上色泽微浅，釉色透明，具有幽美感。施祖青先生在《越窑青瓷造型文化探析》中提到越窑色彩时是这么说的："越窑青瓷之釉用的并非是上色釉，而是天然的原始釉色，它凝聚着匠师们对大自然独到的观察和感悟，这融和了山水之色、大自然灵魂之色的青绿，无疑会给人带来某种精神上的愉悦。"

以秘色瓷为代表的越窑青瓷从釉色可见历史风情以及古代陶瓷审美的社会文化价值。

二是器型丰富美。越窑青瓷器型着重在生活和艺术的用瓷及法器范畴上，青瓷佳品中有执壶、罂、盘、缸、洗、钵、碗、杯，还有灯盏、炉、熏炉等器皿。陶瓷艺术作为美学艺术的一个门类，可探索到古人追求生活上的美的享受，而讲究各种器皿的美观和吉祥寓意。从中也体现一个时代的审美情趣，就以法门寺地宫出土的八棱净水瓶来看，体现了宗教艺术上的审美意趣。1978年上林湖窑址出土秘色瓷八棱净水瓶，现藏于余姚博物馆，与法门寺地宫出土的八棱柱形状相同，小直口、圆唇、八棱细长颈、溜肩、棱腹、矮圈足，颈底部施实弦纹。胎呈灰白，极细腻，质坚，釉色青翠，釉层薄而均匀，釉面光亮晶莹，也与故宫博物院收藏的一件造型基本相同。

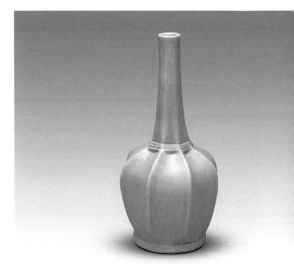

法门寺藏秘色瓷

丰富多彩的青瓷器皿并为后人留下了越窑青瓷的历史声音，令人拍案叫绝，这就是唐宋时期流行的瓯乐，它与越窑青瓷相伴相生，通过敲击各种青瓷器皿来进行音乐演奏。古代常见于民间茶楼、酒馆、梨园、乐坊和皇帝贵族的厅堂，敲击各种碗及其他的青瓷器皿，发出清脆婉约、优美动听的声音，形成美妙的音乐节奏，使听众进入无限遐思的葳蕤春光之中。"青瓷瓯乐"的特色是有钟盘之余韵，兼金石之清脆，多种器皿质地特殊，作为打击乐器又有音乐材质，易于表达情绪，推进抒情。2009年青瓷瓯乐入选第三批浙江省非遗名录，也足以体现越窑青瓷茶具之美。

三是工艺装饰美。上林湖越窑青瓷，远看一片青色，纵然青色在不同器具上略有差异，却总是青色素面，显得典雅内敛，近看则有精细花纹，门类众多，有植物纹、动物纹、昆虫纹、人物纹、几何形纹等，纹饰的技法有刻花、划花、印花、堆塑、镂雕等，通过这些主要技法以阳刻或阴刻出现在青瓷素面上，纹饰层次分明，不是立体却给人以立体的感觉，寓意深刻，耐人回味，给人以艺术美的感受。慈溪市博物馆出版的《上林湖越窑》一书中，有多达上千种纹饰，为其他地区瓷窑所不及。仅以荷花纹、荷叶纹为例，予以具体记述：荷花有二叶荷花、四叶荷花，形状各异，丰富多彩；荷叶纹也有二叶纹、四叶纹，这类荷花、荷叶纹是很长时间流行的纹饰，可能与佛教流行趋盛相关。纹草的莲花茶盏足以体现，具有四个特点：其一是刻与划有机地结合在一起，使线条富有变化，具有层次感；其二是刻划线条的交错现象来看，是先划后刻，即先在坯体上划出纹样，然后再紧挨纹样的轮廓外侧刻出一道粗线条；其三是花纹布满整个碗、盘、盆的内壁，往往在内底刻画盛开的荷

唐代荷花茶具

花，周壁刻画荷叶；其四是在碗、盘、盆的口沿上刻四曲，成四等份，曲较浅，曲下外壁划粗棱线，此种装饰技法一直沿用到五代。

上林湖越窑青瓷的纹饰，以植物花纹最为多见，荷花荷叶之外，梅、兰、竹、菊的纹饰都有，人物故事的纹饰比较少见，而动物纹饰也在上林湖大量出现，如坐狮、鸟纹、龙纹等。以凤凰突莲纹大盘来看，1984年出土于上林湖后司岙Y65窑，现藏于慈溪市博物馆。这一大盘产在五代时，底径12.8厘米，残高7.2厘米，坦腹、平底。腹底分界明显，线绘头尾相伴的凤凰。线条自然，凤头凤尾刻画流畅，在器外壁刻突复莲瓣，刀法流利，浮雕感强，莲片相选层次分明。釉色青，釉层也均匀。

<h1 style="text-align:center;">（二）</h1>

越窑青瓷的美学特征开创了中国陶瓷艺术的先河。若没有它的美学语言和符号，人类的精神内容在陶瓷上无所定居、无法言表。陶瓷艺术源于大自然，大自然是人类生活的朋友，顺从大自然本性，达到天人合一，这也正是越窑青瓷美学的意义所在。

从美学上认识越窑青瓷美并不容易，特别是要从秘色瓷中领悟其美的精髓。上林湖畔近200处遗址上，大批青瓷碎片，美在何处，总让人难以理解，要真正认识其美的价值，不仅要有良好的美学基础，而且要有一种执着精神。

2011年，我回到家乡，在上林湖畔创立了慈溪上越陶艺研究所，开始潜心研究、践行越窑青瓷技艺的传承与创新，这虽然是这十年的事，而选择传承越窑青瓷技艺之路，也许称得上由冥冥之中的缘分牵引，无论是三爷爷桌角的陶瓷，还是外婆家的青瓷残片，爱好青瓷之美在年幼时已入心怀。我在考入景德镇陶瓷学院美术系之前，在浙江美院进行了较为系统的美术培训，上了大学我们班只有13个人，我有美术、美学功底，在学习美术到陶瓷的路上，又在韩国和中国台湾学习、实践了7年，为我在上越陶艺研究所的工作拓宽了视野，开拓了思路，在美的感悟、艺术的感悟中，情感所致，一件件瓷器并不是冰冷冰冷的，而是载着人文价值的语言，仿佛具有生命。我曾经作为中国第一位陶瓷美术领域的交换生赴韩国首尔产业大学陶艺科进修。当时的老师是韩国一流的陶艺教授韩枫林，相比高丽朝鲜时期的陶瓷，现代的韩国陶艺风格受西方影响很大，注重个性和自由。记得有一次，我在烧制一个杯子，拉坯时不小心留下不规则的边缘。韩教授却意外地心生赞叹：不规则是一种美，拙味纯真，率性之美。因为"拙味"留下手的痕迹，才使得这个作品有了鲜活灵动的生命，不再呆板。由此可知，要真正认识一件陶瓷作品，尤其是古代青瓷，懂得烧瓷的人，不了解美，不了解美学的人，未必能烧瓷，我在探索青瓷工艺中，力求两者相辅相成，其中的美学知识应十分深厚。

领悟秘色瓷工艺奥秘，就陶瓷艺术而言，首先要了解它，若不知古，难以接过前人手里的精湛技艺，还需要一种坚定不移的执着精神。

优秀的陶瓷作品作为工艺美术的大门类之一，是一种火的艺术，需要千锤百炼后方能感悟其真谛，借助陶土配方、釉料和烧制火候等关键技术，自始至终丝毫马虎不得，才能使人们理解和体验青瓷的精美。为学习越窑青瓷的釉色，我几乎花了三年时间，采集碎瓷、研究配方，到上林湖、杜湖和周边挖掘泥土和石材，寻找原料和釉料，仿佛经过冬天的孤独寂寞，得到了春天的新生热情，经过无数次试验比对，最终成功地烧制成秘色瓷的釉色。这种青中带黄、黄中带青的釉色，近似高档绿茶第二泡中的汤色，冲泡在陆羽称道的青瓷碗中，"青则益茶"，茶具茶汤相互映衬，美不胜收。

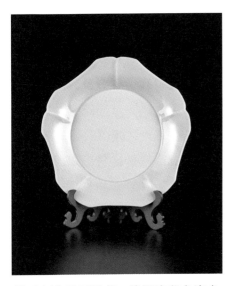

施珍制作的五瓣葵口浅凹底秘色瓷盘

我的师父徐朝兴当年收我为第一个女弟子时，曾这样鼓励我："第一次见你，看你那执拗的劲儿，就知道陶艺这条路你能走下去……"这位国家级工艺美术大师曾为我点燃上越陶艺研究所第一窑窑火。2017年又在我的研究所设立了他的大师工作室，他结合自身60多年的陶艺生涯，引领着我向更高更远处行走，他谆谆教导我："人贵德，德立品高；艺贵道，道法自然；瓷贵魂，魂如清泉；形贵简，简极美生；功贵勤，勤能补拙。"

　　徐朝兴师父为我写下的金句，是我陶瓷路上的座右铭。深入挖掘越窑青瓷形神兼备的古老艺术，探索其形式美和内在美，也是当今时代的需要，是我从事陶瓷要毕生研究的。

　　陶艺之路，学无止境。传承越窑青瓷，想到了宋代禅宗大师青原行思提出的参禅三重境界：看山是山，看水是水；看山不是山，看水不是水；看山还是山，看水还是水。

　　重铸越窑青瓷辉煌，揭示秘色瓷的工艺精美，其理如同上述所说的参禅之说。

第五届越窑青瓷文化节一景

第七章 ◎

崛起的越窑青瓷与茶具

当代越窑青瓷正在崛起。在上林湖越窑遗址中心、秘色瓷的高超工艺密码已被破解，秘色瓷复制成功。在传承与创新结合上，以秘色瓷为代表的越窑青瓷和茶具，在全国、全球广为传颂。作为中华优秀文化的载体，在经济文化活动中，为长三角一体化发展、提升宁波城市国际化服务水平，发挥着独特的作用。

上林湖越窑国家考古遗址公园

施珍复制：上林秘色——法门瓷缘

一、恢复秘色瓷异彩纷呈

（一）

　　时代的车轮进展到21世纪，越窑青瓷要重铸辉煌，必须做透传统的文章，并与当前实际结合迈开新步。在传统与创新路上，谱写越窑青瓷新篇章。传统是基石、是前提。如果不挖掘、不继承传统，当代的青瓷产品，就会成为无源之水、无本之木，越窑青瓷就不可能有质量保证、有文化品位，就不可能像出土的青瓷有故事可讲。

　　上林湖所在地的慈溪市领导从引进人才着手，认为有了人才就可以一当百，打开传统创新的局面。

　　2001年的一天，慈溪市相关领导和慈溪市博物馆馆长来到龙泉，只为一件事：请孙迈华到上林湖恢复衰落了近千年的越窑。反复向他说明："上林湖是古代越窑中心，恢复越窑是件有功德的好事。"

　　孙迈华是出生在20世纪50年代的龙泉县人，由于时代的原因，仅只有初中文化，但他能开动脑筋，刻苦钻研，从小艰难波折的生活锻炼成了他坚韧不拔的精神品格。1997年，孙迈华在龙泉创办了当时最早也是最大的民营华兴青瓷厂。龙泉青瓷源于中国母亲瓷越窑，由于南宋时上林湖瓷土减少，不少窑工到龙泉开设窑口制造瓷器，有了当代有名的龙泉青瓷。后来徐朝兴、施于人等名家曾传承和研究了上林湖青瓷，如今孙迈华到上林湖母亲瓷产地去恢复青瓷，自有一番感慨。由于越窑青瓷工艺到南宋后中断，孙迈华想到担当的任务繁重，又感觉慈溪市领导对他的器重。于是，2001年8月18日，孙迈华用卡车装着一个窑炉与简单生活用品，来到上林湖扎根，在越窑这片寂寞的土地上探索青瓷的恢复。

恢复越窑的第一步是找土。因为古代越窑，瓷土与釉土肯定采自上林湖边的山头。孙迈华找来了当地山土、河土，甚至水稻土，为了试土，40个大桶的瓷土挤满了房间，他在加工出瓷土之后，却迟迟找不到合适的釉土。古越窑青瓷润泽的色彩，釉土是关键。他找遍了上林湖畔的山头，真是为伊消得人憔悴，孙迈华终于在毛竹山上找到了釉土。要恢复古代青瓷的釉色均匀、清亮，而且覆盖得很好，捣土、烧窑又遇到许多难关。他在荒野中打拼，得到了国家美术大师高峰的帮助。高峰鼓励孙迈华、孙威父子，并指导工艺，穿越岁月，仿佛回到古越窑现场，践行古人的事、理、情，终于烧出了越窑青瓷，他们到法门寺博物馆与法门寺地宫出土的秘色瓷器具作对比，其秘色釉色与质地相同，以至真假难辨。此后，孙迈华父子两人烧出的越窑青瓷产品得到了10多个全国奖项，其中孙迈华的灰釉粉盒获大奖。不少器具制成文物复制品，展示在杭州钱王祠博物馆、舟山博物馆等单位。

（二）

他与瓷器结缘，有着天生的地域因素。在上林湖有块瓷片上刻着"闻陆堡新窑官坊"的铭文，似乎遗传了青瓷文化基因到他身上，致使他倾几十年的心血，迷恋于越窑秘色瓷的研究，他就是鼎鼎大名的闻长庆。

闻长庆年逾七旬，在20世纪80年代开办了一家生产制冷设备的企业，企业产值可观，曾荣获浙江省首批创新型百强民营企业、浙江省首批创新型百强科技企业、国家科技企业等称号，可他内心钟情的还是家乡的越窑青瓷文化，把企业交给儿子、女儿经营，自己来个"金蝉脱壳"，一门心思琢磨秘色瓷。闻长庆工作的大院占地近20余亩，平日里大门紧闭，边上是门卫室，初看有点像机关大院，大院里小桥流水、绿荫繁盛，按功能划分成博物馆、研究所和制瓷车间。多年来，闻长庆收集的瓷片有数吨，器物收得多了，他便建立了浙江中立古陶瓷博物馆，为了研究和烧窑方便，又创办了浙江中立越窑秘色瓷研究所，实现他千年秘色重现人间的人生计划。

在闻长庆的浙江中立博物馆外有一个仿古代龙窑造型的窑炉，闻长庆用它来代替通用的煤气炉或电炉子，烧窑用的柴火也是传统的松枝等植物。

恢复古法烧制，恢复越窑秘色瓷，意味着你不能跳开古人的定式和色泽，烧出来的作品不仅要与原物相仿，更要达到神似的效果。探索过程中，需要总结出一套早已远离我们今天生活的方法来，其间的失败乃是家常便饭。许多瓷器作坊也曾尝试过，后来终因投入过大，屡试屡败，只好选择放弃。

闻长庆和闻果立父子把标准器型瞄上了法门寺的器物，为此，他们不知跑了多少趟，反复观摩和对比法门寺地宫出土的那些器物。闻果立说："法门寺的秘色瓷技艺水平实在是太高了，当时如有天助。我们最初烧出来的产品，拿去对比，一点都不像。回来再改进，再重烧。"

炉火熊熊，炉内从最初的几摄氏度，渐渐被加温到1 250℃左右，瓷器在火红的窑炉里浴火重生，每一次都是那么令人激动、期待。

复烧秘色瓷，老天要他付出的不只是经营的损失，更是精力、毅力和身心的代价。即使如此，闻长庆仍然没有放弃。经过三年夜以继日的制作、配比，万次改进，2012年8月，他终于烧制出较为理想的秘色瓷，恢复了失传千年的越窑秘色瓷工艺方法，2014年并获得了国家发明专利20年知识产权。

2013年，闻长庆父子携带复烧的秘色瓷作品，专程前往法门寺博物馆作对比，该馆研究员看到瓷器，真假难辨，发出了由衷的惊叹。法门寺博物馆为他们的精神所感动，决定特聘闻长庆、闻果立父子为博物馆研究员。

2017年5月23日至7月2日，北京故宫博物院举办了"秘色重光——秘色瓷的考古大发现与再进宫"展览，187件（组）秘色瓷集中亮相。这次展览有两件作品是宁波市越窑青瓷烧制技艺代表性传承人闻长庆提供的新秘色瓷，分别为仿法门寺的八棱净水瓶和深腹大凹碗。可别小看这两件作品，它们被视为解开"秘色瓷"千年谜团链条中最末端的关键一环，具有破解密码的现实意义，是多少研究者试烧多年而未能取得的成果。因此，是唯一被列入唐宋秘色展览之中的新器物。

八棱净水瓶是佛教文化中的器物，被视为秘色瓷的代表作。这次故宫共展出了6件八棱净水瓶，它们分别为法门寺地宫1件，故宫收藏的2件，浙江省博物馆收藏的1件，浙江省考古所新近在上林湖发现的1件（残器），浙江慈溪闻长庆、闻果立父子新烧制的1件。6件作品扎堆展出，历史上从未有过，尤其是法门寺的那个八棱净水瓶，堪称稀世珍宝。

2017年8月7日，闻长庆以宁波市非物质文化遗产项目越窑青瓷烧制技艺代表性传承人的身份，走进央视一套《我有传家宝》节目，向观众讲述他的秘色瓷。

2017年12月，集专业高度与创新为一体的研究成果《唐五代越窑秘色瓷工艺技术复原研究》的浙江省文物保护科研项目，获得浙江省文物局验收通过。

如今在上林湖遗址一带，涌现出继承越窑青瓷传统的人和事，有年高艺精的长者，也有年轻有为的后者。闻长庆的儿子闻果立追随父亲，致力于秘色瓷的研究，父子两人取长补短，复制的秘色瓷融入京城。

2018年闻长庆被评为宁波市非物质文化遗产"越窑·秘色瓷烧制技艺"代表性传承人。

闻氏从恢复失传千年的越窑·秘色瓷作品到理论著作。2013年闻长庆著《不该遗忘的浙江制瓷史》，由文物出版社出版。2018年闻长庆、闻果立著《越窑·秘色瓷研究》（上、下册），由西泠印社出版。从实践到理论，公开发布用高科技手段对越窑秘色瓷分析出的大量实物标本和测试元素数据。解码了越窑秘色瓷的胎、配釉、纹饰、窑炉、烧制等工艺和技术。重点解读了秘色瓷文化，还原越窑秘色瓷的神韵，对越窑秘色瓷古文献进行了系统的分析整理，是研究越窑秘色瓷爱好者的工具书。

（三）

就年龄而言，我是后辈，比起年长一代，传承青瓷这份宝贵的文化遗产，我总是虚心学习，在传承中努力吸取精华。上越陶艺研究所经历10年磨砺，在传承越窑青瓷路上，我所复制成功的陕西扶风法门寺地宫出土的秘色瓷，得到专家学者认可。其间复杂艰辛的过程，启示我走好重铸越窑青瓷辉煌之路，一是以虔诚之心，认识瓷器是先人智慧的结晶，继承这份文化遗产，一定要坚定文化自信。二是铭记师父徐朝兴从事陶艺的切身经验："人贵德，德立品高"，要以德为先，首先是精神上的传承，然后才是技艺上的传承。三是作为浙江省"非遗"越窑青瓷传承人，我要运用置身在上林湖畔的优势，从装土配方、釉色使用到火候的控制等共72道工序，在古法烧制与现代方式的结合上，不断演化、提升。十年时间，在历史的长河中只是一瞬间，我致力于恢复越窑青瓷，取得的一些成果得到了政府部门和社会各阶层的支持和鼓励。2015年冬，全国文联副主席、中国民间文艺家协会主席冯骥才到上林湖考察，为上越陶艺研究所展示的青瓷作了评价，并题词"古韵静雅"。著名文化学者余秋雨，到上林湖考察后，站在国家文化层面上也为之题词："感谢施珍，唤醒千年秘色瓷。"我长年累月浸润在陶瓷

施珍工作照

艺术的岁月里，让人明白要有德有艺，沉下心来，才能更好地研究传承越窑青瓷文化，加大传承秘色瓷力度，改变在低水平上徘徊的局面，勇于创新，在中国特色社会主义新时代为文明作出奉献。

冯骥才（右）珍赏青瓷作品并题词

二、秘色瓷都辉映未来

（一）

慈溪为宁波市辖的浙东一个县级市，历来在全国经济百强县中位居前列，在推进长三角区域一体化发展中生机勃勃。慈溪市的宣传口号"秘色瓷都，智造慈溪"，反映了慈溪城市文化和经济特色，包括历史的、现代的和对未来的憧憬。秘色不但是慈溪市最具文化特色的亮点，也是代表古代最先进的制造业，如今秉承古人的智慧，发掘现代先进的制造技术。以越窑青瓷文化引领文化产业，在发展中推进慈溪制造再次惊艳世界。

2011年以来，浙江省文化厅与慈溪市人民政府共同主办越窑青瓷文化节，致力上林湖越窑秘色瓷千年姿色流传，世袭百代荣耀。2019年11月14日，第五届越窑青瓷文化节在青瓷文化传承园内开幕，同时举行青瓷文化传承园开园仪式。在研讨、展示、展演等多种形式活动中，宾主热衷于上林湖。法门寺博物馆、故宫博物院等多件秘色瓷珍品来到"娘家"上林湖，使众多市民一睹为快，"瓷通四海，器以载道"，在努力实现优秀传统文化创造性转化、创新发展目标中，越窑青瓷秘色瓷正在成为亮丽的地域文化金名片，推动着上林湖越窑遗址为世界文化遗产。

上林湖越窑遗址群早有"露天青瓷博物馆"的美誉，这里是最美窑址群，已经建成并将继续建设的上林湖越窑考古遗址公园：位于桥头、匡堰两镇，总面积为1 518.3公顷，有遗址展示区、考古预留区、管理服务片区、东横河展示片区、农业体验区和自然山林区六个功能片区。

2019年11月，越窑青瓷文化节在上林湖青瓷传承园开幕

其中，遗址展示区位于上林湖西南侧，包括荷花芯窑址、后司岙

窑址和普济寺遗址等展示点；管理服务片区位于上林湖南侧，包括主入口、上林湖越窑博物馆、上林湖越窑考古工作站、码头等。

在完善考古遗址公园的同时，慈溪将为秘色瓷探幽之路再开启"青瓷文化盛宴"：建设中的上林湖青瓷文化传承园，分别为公共展示中心、大师研究中心、科普体验中心、创意发展中心若干区块。今天，有关青瓷的文创产业在工艺大师加入后稳步前进，代表性的有慈溪市千峰翠青瓷有限公司、慈溪秘色仙茗发展有限公司、慈溪市越窑青瓷有限公司等。如今，学习越窑青瓷的人越来越多，有工厂职工、农村青年、企业家，在上越陶艺研究所内还设有越窑青瓷制作体验基地，不定期向青少年开展陶艺制作活动，经常有家长带着孩子来到基地亲身体验，和孩子一起参观青瓷"蝌蚪弦纹瓶"，它是我荣获中国（杭州）工艺美术精品博览会金奖的作品，那简洁明快、线条流畅、富有生气的跳刀纹样，让人联想翩翩。秘色瓷后继有人，人们对富有中华民族元素的青瓷饶有兴趣。为弘扬越窑青瓷文化，宁波市人社局公布了《2019年度宁波市职业技能培训补贴目录及补贴标准》，对学习越窑青瓷制作的人，还能享受政府补贴。

上林湖青瓷传承园

（二）

　　无论是借鉴古代，还是借鉴国外，由本人创办的上越陶艺研究所，以上林湖越窑遗址为基地，在弘扬越窑青瓷文化中，又成为"越窑青瓷施珍艺术馆"和"'非遗'越窑青瓷烧制技艺传承保护基地"，集宣传、展示、研发、教育为一体的越窑青瓷保护制作中心，在传承创新、重铸秘色瓷辉煌实践中，有以下特点。

　　其一，破解秘色瓷密码复兴越窑青瓷。法门寺地宫出土的秘色瓷，对在上林湖从事越窑青瓷的研究者来说都有兴致，各自在破解秘色瓷的密码上下功夫。作为唐代宫廷瓷器，实物色如山峦青翠，造型优美柔和，质地细腻致密，结合我从专业上所学知识，感到古人的工艺可谓倾国倾城，在上林湖畔，我们几位"非遗"越窑青瓷烧制技艺传承人，担当起了复兴秘色瓷的责任。我利用在上林湖畔的优势，从装土配方、釉色的使用到火候的控制，先后经过70多道工序，终于试验成功，以1∶1的规格，复制法门寺出土的13件秘色瓷器皿。其中复制的"五葵瓣葵口浅凹底色瓷盘"，碟体内施以绿色釉，清澈透明，玲珑剔透，有玉一样的质地，给人一种含蓄、高雅的美感，看去仿佛盛着一泓清水，具有"无中生水"的神秘魅力，受到社会各界的关注。2017年9月16日，国家文物局闫亚林司长在上越陶艺研究所现场考察后这样说："我走了上林湖多处越窑青瓷的考古遗址，这是访古，追溯越窑瓷的

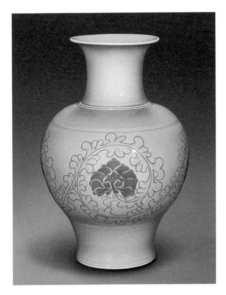

卷叶牡丹瓶

源头；现在我到了这里，看到了越窑青瓷如今的传承与创新，这是纳新，寻求越窑青瓷的未来发展。这里的许多作品有灵气有魅力，希望这一份越窑青瓷的传承与创新能更好地持续下去。"研究所研发制作的越窑青瓷产品得到业内专家的高度评价。中央电视台中文国际频道大型纪录片《留住手艺专题片》对我有专题报道，内容为"重塑越窑青瓷"。

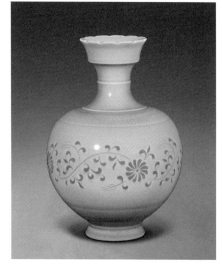

缠枝菊花葵口瓶

上林湖周围形成复兴秘色瓷的热烈氛围，成为越窑精品青瓷的代名词。

其二，在传承中创新。唯有创新才有出路，宁波人有句老话："学我样，烂肚肠。"意思是说，一味陷入模仿，照模照样，囿于复古圈子，不可能有起色、有前途。只有创新才有前途，事物总在变化中发展。从历史唯物主义观点分析，人们的审美观点在提升，秘色瓷在历史长河中是动态的，并非一成不变。即使法门寺地宫的秘色瓷质地精良，但在岁月流转中，秘色瓷的青中带黄也有所差异，到五代吴越王钱镠时代，进贡14万件青瓷贡品，从中国港口博物馆水下考古遗存的秘色瓷，与法门寺出土的比较，有明显差异。历史上秘色瓷到宋代更有变化。

时代有益于陶瓷工作者发挥自身的才能，对于我来说，在上林湖更有利于发挥优势。我生在余姚、婚嫁在慈溪，上林湖早为余姚辖地，今隶属慈溪，有人说从我身上看到对越窑青瓷情有独钟的基因。我16岁跟随景德镇陶瓷学院创始人之一三爷爷施于人到景德镇读中学，后升入景德镇陶瓷学院美术系，再去国外留学进修陶艺，如今我在上林湖畔创办陶艺研究所，继承三爷爷的陶艺遗志，又引来国内外许多陶

吉祥鸟盖碗套组

梅兰竹菊套杯

艺专家亲临指导。这和有的从学徒做起的陶艺大师相比，我有匠心独具的工匠实践之外，还有中西合璧的阅历，时代赋予我为"高级工艺美术师""浙江省工艺美术大师"等，鼓励我在传承与创新路上肩负起复兴越窑青瓷的担当。早在创建上越研究所初期，我所创作的"上林随想"被浙江省博物馆永久收藏。这件作品采用越窑青瓷的传统代表器形，加以青花艺术，象征着上林湖越窑遗址的意境，也是我置身上林湖畔漫步随想、灵感迸发的结晶。近年来创作成果颇丰，我的研制作品"卷叶牡丹""缠枝菊花葵口瓶"连获两个国家级博览会特等奖，"云彩斗笠纹瓶"在2014年世界手艺文化节上，获得首届"艾琳"国际精品奖，我们研究所的作品已是越窑青瓷代表性瓷器，也已成为社会高端人士青睐收藏及商务活动的理想艺术品。

我们集结在上林湖畔的一批越窑青瓷爱好者，为了沉寂千年的文化瑰宝再度崛起，以青瓷茶具为切入点，正在产生广泛的积极影响。

其三，让青瓷和艺术融入生活。越窑青瓷作为中国最古老的瓷器艺术，最初烧制出来时偏重于经济实用，到唐代盛世时虽已精美到风靡上流社会，亦有杯、碗、盏等日常用品大量流行。在崛起的越窑青瓷时代，传统与现代、器物上如何同社会的生活结合显得尤为重要。上林湖周围文创产品得到消费者的欢迎，特别是青瓷茶具系列的众多产品，如纹草工夫茶具组、海水茶具组、石榴茶具组、含羞草茶具组等。有一组名为"上林秘色越窑茶盏系列"，由上越陶艺研究所创制，依照唐朝宫廷御用茶器，按越窑青瓷烧制技艺纯手工制作，

四知杯

盏口用葵口造型，盏身和盏托运用跳刀、阴刻等工艺，胎质细腻、釉色晶莹、工艺精制，是上林湖越窑青瓷传承与创新的一组精品。市场表明，越窑青瓷的文创企业服务于实际生活是得以生存、发展的重要途径。

在日常生活中应用瓷器，制作时更容易忽视美学的元素。瓷器中盛着食品，两者相互映衬，美味之外，更增加了美的享受。让高深的美学渗透到生活中，把这种美带给社会各界人士，也是我们在重视文创产业所期待的。2019年春，上越陶艺研究所创制的一套"四知杯"就收到良好的效果。"四知杯"体现宁波文化内涵和城市品格的人文精神，所称"四知"，即在四个不同的杯身用图案形式，选取了宁波历史上著名人物的形象，即"知行合一"——格物致知的王阳明；"知难而进"——英勇报国的张苍水；"知书达礼"——天一阁藏书的范钦；"知恩图报"——汲水奉母的孝子董黯。这套"四知杯"作品运用越窑传统制作工艺，精致玲珑，富有现代艺术感，外观设计新颖、器型简洁、线条干净。每个杯子配有杯盖，既可作茶杯，又可存放茶叶，达到美观与实用结合。2019年7月，世界园艺博览会在北京世界园艺博览会浙江园举行，会上"浙江·宁波市主题日"活动展示的200多套"四知杯"受观众热捧。

崛起的越窑青瓷，适应了人们追求美好生活新时代的需要，也是传承与创新的烧制人所追求的。

慈溪市上越陶艺研究所照片

（三）

秘色瓷出自上林湖。揭开这千古谜底之后，它作为国家瑰宝震撼中外。以秘色瓷为代表的越窑青瓷，凝聚着前人丰富的智慧、无穷的创造力，那是当地慈溪人文的写照，也是浙东人们的骄傲。挖掘、弘扬其蕴含的文化价值和潜在的经济价值，成了当地男女老少和国内外名家大师的热门话题。

"秘色瓷都，智造慈溪"成为最响亮的口号，推进着慈溪的制造业。秘色瓷断代于南宋初期，终究离我们年代久远，连清代乾隆皇帝也因未见秘色瓷而感叹"李唐越器人间无"。新时代人们企盼加深认识越窑青瓷，大师级人物也乐意到慈溪考察，两者互动，佳话频传。

嵇锡贵和徐朝兴两位中国工艺美术大师，在众多服务越窑青瓷的名人中有着代表性。

嵇锡贵生于1941年，湖州人，1965年毕业于景德镇陶瓷学院，与我还是师姐、师妹关系。她的陶瓷彩绘、工笔国画都师承国内名家，博采众长，善于继承传统，又在传统基础上推陈出新，古为今用。我向这位德高望重的大师姐学习感受更深。嵇锡贵大师作品水准之高，先后参与了中南海用瓷的设计制作，毛主席纪念堂陈设瓷等大型项目的开发研究，上海锦江宾馆接待外国元首专用的成套餐具设计制作等，她功底深厚，精巧瑰丽的作品，多次获国际、国家级大奖。嵇锡贵大师到上林湖、到上越陶艺研究所，对施珍团队的工作予以热情帮助，积极指点，使整个团队的同志受益匪浅。

比较嵇锡贵，中国工艺美术大师徐朝兴又是亚太地区手工艺大师，他年龄略小，出生于龙泉，是国家级"非遗"龙泉青瓷烧制技艺传承人，人类非物质文化遗产龙泉青瓷烧制技艺传承人，又是浙江省青瓷行业协会会长。他与上林湖越窑青瓷有缘，可谓源远流长。2017年年初，宁波市引进12位文艺大师，并建立大师工作室，包括文学、美术、书法和工艺等，11位大

施珍与师父徐朝兴

师的工作室设在宁波城里，唯有其中之一的"徐朝兴大师工作室"设在乡野、设在上林湖畔的慈溪市上越陶艺研究所。近两年来，他在慈溪、宁波参加多种经济文化活动，奔波于浙东越窑这块神奇的土地上。就以2018年上半年为例，4月参加第七届宁波工艺美术精品展；6月18日庆祝中国"文化和自然遗产日"，在观海卫卫山公园参加青瓷文化展；6月下旬参加"一诗一城礼"京杭大运河城市礼物品牌发布会，青瓷作为"宁波有礼"展示；随后又赴香港参加"香约港城"宁波经贸活动周。

徐朝兴大师以工作室为出发点，弘扬青瓷文化，传授青瓷烧制技艺，培养青瓷后人，足迹留存四方，他组织参观上林湖越窑青瓷博物

馆，亲自向来宾介绍越窑青瓷。徐朝兴大师举办的"秘色重光"讲座，更是影响深远。2018年7月、11月分别在上林湖青瓷博物馆和慈溪大剧院举办讲座，听众云集，听取大师的青瓷艺术生涯介绍，不仅享受到青瓷美育教育，还受到人生历练启示。他从事青瓷技艺60多年，一辈子认认真真干一件事，痴迷于青瓷艺术。徐朝兴13岁时自带行李，当天步行80多里路拜师学艺，生活艰辛，历经坎坷。

1957年，周总理亲自下达指示："要恢复祖国历史名窑生产，首先要恢复龙泉窑和汝窑。"徐朝兴拜青瓷烧造艺术著名的李怀德为师，师父总是"只干活不讲话"的严肃样子，要求徒弟也同样一丝不苟，做青瓷不许粗粗劣劣，要小心细心，精益求精。徐朝兴从师父对弟子寥寥无几的言语中得益。他常说："技术学到一定程度，你看着师父怎么做，然后自己领悟去。有些事不是师父手把手教给你的，要自己去掌握，所以做陶瓷要有灵性、悟性才能做得好。"百般修炼成真果，1979年龙泉县人民政府任命徐朝兴为龙泉青瓷研究所所长，他领衔的作品"52厘米迎宾大挂盘"在全国陶瓷美术设计评比会上荣获一等奖，后收藏于中南海紫光阁。另一只1.3米的迎春大花瓶则陈列在北京人民大会堂浙江厅。

徐朝兴大师以他高超的青瓷烧制工艺，已培养出10多位卓有成绩的陶瓷专业工作者，他又经常到上越陶艺研究所给我和团队人员亲自示范操作并讲解。我研制的吉祥鸟系列作品就是在后司岙挖掘的古瓷片图案上产生灵感，并得到徐朝兴大师的指点，使得作品精细优美，富有越窑青瓷韵味，让人震撼。

以越窑青瓷技艺为实体，在青少年中开展中华传统文化教育，推进青瓷传

九秋风露越窑开
夺得千峰翠色来

徐朝兴书法

承后继有人，这也是徐朝兴大师工作室的活动内容。对他这样年事已高，德艺并重的大师来说，对青少年讲解青瓷陶艺似乎有点大材小用，但是，大师却都认真对待。"宁波市陶艺教育联盟"多次请他去讲课，学生、老师和家长踊跃参与，无论是在上林湖越窑青瓷博物馆，还是上越陶艺研究所，甚至到奉化相关学校，都得到了社会的广泛关注。陶艺教育从小做起，近年在各地兴起，作为青少年儿童有兴趣的手工劳动，宁波市陶艺教育联盟的学生、老师和家长认为这是有形的传统文化教育，对青少年的思想和技能教育大有裨益，尤其是徐朝兴、嵇锡贵等大师风范，成为青少年心中的丰碑，在越窑青瓷史上也为上林湖抹上辉煌一笔。

三、青瓷的当代魅力

（一）

宁波作为我国古代海上丝绸之路重要始发港，出口物资主要有瓷器（茶具）、茶叶、棉花，尤其是上林湖越窑秘色瓷，其活化石作用不仅有历史价值，在当代世界多元文化交流和文明传承中，在国内外的影响力日益扩大。

越窑青瓷的价值，特别以文化软实力展示在社会上，引起社会热烈关注。青瓷产品在北京、上海等已成为人们向往的收藏珍品，权威的北京故宫博物院更是顺势而为，近几年经常举办越窑青瓷展示活动。2015年10月21日至12月15日，在故宫博物院斋宫举办"陈国桢捐赠暨越窑青瓷展"，以"月染秋水"名义展出153件不同时期的越窑青瓷精品。如唐青釉镂空熏炉等产品釉层清澈透明，宛如一泓秋水。其中19件古代陶瓷由越窑所在地余姚人陈国桢无偿捐献给故宫博物院。多年来，随着秘色瓷考古大发现，全国相关单位和新闻媒体也开展了不同形式的越窑青瓷展示活动，以上林湖为代表的慈溪秘色瓷都地位已为中外人士所瞩目。

21世纪以来，上林湖畔出现一批越窑青瓷烧制技艺传承人，形成复兴秘色瓷的热烈氛围，烧制的越窑青瓷在走向全国、走向世界。闻长庆、孙迈华、施珍烧制的青瓷作品，在全国、全省的评比中，频频获奖。闻长庆烧制的"越窑秘色瓷"作品永久收藏的中外单位有：法门寺博物馆、浙江省博物馆、浙江大学、西湖博览会、法国艺术家联合会、希腊国家亚洲艺术博物馆等，法国罗浮宫也收藏了他烧制的秘色瓷荷纹尊一件。2016年在G20杭州峰会的贵宾厅，也陈列着闻长庆烧制的秘色瓷八棱净水瓶、缠枝纹熏炉等，展示中华民族元素。我本人的作品也展示在杭州国际机场国家元首休息区，那"牡丹玉壶春瓶"成为20个国家元首下飞机后最早感受到的中国元素，从中目睹领略了我国的大国雍容气度。作品历经了层层选拔，被专家肯定。牡丹玉壶

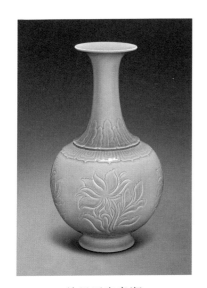

牡丹玉壶春瓶

春瓶采用经典传统的玉壶春形状，创新运用了堆雕、阴刻、半刀泥等手法，突出了主体图案牡丹的雍容典雅、高洁富贵。作品整体形状挺拔，烧制通透，端庄大气而富有视觉感。该作品曾获第六届中国（浙江）工艺美术精品博览会金奖。

每一件越窑青瓷精品，艺术上要有传承和借鉴，更要有改革和创新，绝不是简单的临摹，而是新旧思维、作者感悟的极致碰撞。2018年7月，我参加香港"香约港城"宁波经贸文化周活

动，展出的作品"吉祥鸟双耳瓶"引起轰动，香港特首林郑月娥和浙江省委副书记郑栅洁仔细欣赏后，高度评价作品为传承创新越窑青瓷做出的成绩，希望我烧制的作品能更好地走向世界。

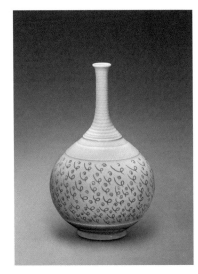

蝌蚪弦纹瓶

"吉祥鸟双耳瓶"的成功创作，出自古人奇思妙想和精湛手艺。我看到吉祥鸟形象的变迁和众多器型的应用。《山海经·南山经》有云："是鸟也，饮食自然，自歌自舞，见者天下安宁。"自古凤凰在民间就代表着和美、和谐与吉祥。我的"卷叶牡丹瓶""缠枝菊花葵口瓶""跳刀金鱼双耳瓶""蝌蚪弦纹瓶""云彩斗笠纹瓶""牡丹玉壶春瓶"等作品便是继承越窑青瓷的传统器型。纹饰和技法上重新构造设计，在思维上尊重传统，又不局限于传统，从更广阔的时空中致力于跨越传统，让现代的艺术审美内涵融入作品之中。

2013年夏，我携带青瓷作品到美国西雅图参加展会交流，其中有获奖的上林秘色茶具组合茶盏，以及独创的越窑青瓷花茶碗，都受到高度评价。在西雅图市交流活动中，该市市长和她的丈夫在现场极为称道。我当时说："越窑青瓷的历史是从烧制茶具开始的，我把烧制的越窑青瓷茶具作为融合中国茶文化的最好象征，使它走向世界，让更多的人知道。"

越窑秘色瓷在国内外人们的视野中，堪称"春风大雅能容物，秋水文章不染尘"。受中外人士的钟爱，尤其是对品茗爱茶的人来说，清代有位著名美食家袁枚曾说："美食必备美器。"名茶精品的品饮同样要讲究茶具的匹配，正如民间比喻所说的同一个道理："骁将佩宝刀，好马配良鞍。"在欧美国家，瓷器作为改变世界文明史的发明，在美国和欧洲国家人们情有独钟，数百年直至今天，中产家庭都有一个带玻璃门的瓷器柜，里面展示着各种瓷制的餐具，这种瓷器柜就叫"China"。如果一个顾客去欧美的家具店说要"China"，就是指买瓷器柜。

（二）

以中国母亲瓷越窑青瓷为代表、中国瓷器走向世界市场可谓任重道远。从清朝末年开始，由于国力衰退，战事频繁，中国基本上退出了世界瓷器市场，欧洲人几乎占据着世界高端瓷器市场的90%，而中国制造的一些陶瓷制品非常廉价。中国改革开放之后，中国瓷器在世界上的地位有所恢复，但远远不能适应时代在经济文化发展的形势，还要不断破解中国的陶瓷出口低价的难题。

据《光明日报》2017年3月24日报道："海关数据显示，2016年我国各类陶瓷出口2 126.7万吨，出口总额165.05亿美元；陶瓷进口12.8万吨，进口总额6.07亿美元。"这两项数据至少说明两个问题，一个是我国出口的陶瓷数量是进口的165倍，中国陶瓷在世界上拥有很大的市场潜力。另一个是单价金额，我国进口的陶瓷单价之高，是出口单价的6倍多，也就是说，我国出口的陶瓷单价仅仅是国外陶器的1/6。在剖析中国陶瓷出口的低价因素中，以优良的传统文化推进质量则是重要抓手，复苏越窑秘色瓷无疑是要擦亮的金名片。

复兴越窑青瓷，我们正走在贯彻"一带一路"倡议路上，破解低价难题，提升市场经济效益，这仅仅是一个层面，我们更要从坚定文化自信，强化文化软实力的高度层面为切入口，发挥越窑青瓷在世界各地的友谊桥梁作用，这是一个既古老又时尚的重要课题。因为在世界上，我国有"瓷器之国"的称誉，我国的瓷器不仅是很好的日用品，而且是珍贵的艺术品，深受世界人民的喜爱和赞扬。中国陶瓷的市场从唐代开始，由来已久。展示中国母亲瓷越窑青瓷的文化含量，凭借上林湖邻近世界大港宁波舟山港优势，将越窑青瓷融入建设21世纪海上丝路，推动文明相融、世界相通，意义深远。

为了让全世界都能看见秘色瓷的魅力，2019年6月12日，文物保护修复项目之秘色瓷启动仪式在北京圆明园举行，这一项目将致力于恢复失传的秘色瓷烧制技术，通过文创开发等形式，让这一晚唐时期越窑青瓷最高烧造技艺回归到当代生活中去。启动仪式上，33件精美秘色瓷展品让嘉宾啧啧称赞，有莲花碗、八棱瓶、蔓草纹香熏、莲瓣罐、萱草纹粉盒等。在圆明园举办的仪式上，慈溪市瓯剧团还奉上了青瓷瓯乐《汲露》剧目，用打击多种越窑青瓷的器皿，发出不同清脆悦耳的历史之

青瓷瓯乐

声，美妙的音乐、精彩的演艺，使到场嘉宾沉醉其中，秘色瓷焕发着全新的生机和活力。

圆明园首发的大屏宣传片，仅用3分钟时间描述了秘色瓷的前世今生，并于同年6月中旬向全球投入成功。七天内在东京、伦敦、洛杉矶、纽约、墨尔本、多伦多、莫斯科等金融中心城市的大屏幕滚动投放。上林湖产的秘色瓷，"雨过天青云破处"的艺术特色，在世界上广为传播。

（三）

文化基因随同文脉绵延到一方水土一方人，显得神秘奥妙。中国母亲瓷以上林湖为中心，同样也与景德镇的窑场瓷品有缘，施于人教授在陶瓷业上的奉献精神就是代表。今天，越窑青瓷走向世界，施于

人对我们仍然有着重要借鉴。

施于人和我是祖孙辈关系，本人不想避嫌，只是客观地介绍施于人其事。《中国文化知识精华》载文介绍："青瓷以越窑（在浙江省余姚市）名声最大，产品胎质细薄，釉色晶莹，制作精美，是青瓷瓷器中的优秀代表。"1928年施于人出生在余姚，当时上林湖属余姚县辖，这位余姚籍人也许是越窑故土赋予其天赋，年幼时被教会学校吸收入学。1949年考入杭州美术学院，1951年转入中央美术学院，1953年考上中央工艺美院研究生，1954年施于人随导师梅建英教授带领一批学生到景德镇考察，第一次来到这个改变他一生命运的城市，当地的瓷器作坊、古窑址、古瓷片和民间匠人深深地打动了施于人，使他爱上了这个街巷悠长的小城。导师和同学们都回北京了，他却选择了留下。翌年正式调到景德镇陶瓷技艺学校，筹建景德镇陶瓷学院，成为学院创建人之一，负责教学计划的制订和课程安排，主要从事艺术教育、陶瓷研究、陶艺创作三个领域的工作，有"中国陶瓷一代鼎臣"的美誉。认识施于人享有国际声望的陶艺大师，可从施于人的7个弟子来看，他们是张育贤、戚培才、彭竞强、秦锡麟、郭文莲、张学文、钟莲生。施于人带过的一批研究生中，还有李莉、朱乐耕等。从这批景德镇当代著名的艺术家来看，足以确立施于人在陶瓷界的地位。

1997年春，美国阿佛雷得大学的英语教授卡拉·卡奇女士到景德镇陶瓷学院任教，此时，施于人教授已离开人世，但他的人生故事在校园里流传，许多情节深深打动了这位外籍人士。她在美国的农庄大得你无法想象，可她却7次来到景

施珍与三爷爷施于人教授

德镇借住在朋友的三居室里，用了5年时间记述施于人，写成了《道与器》一本厚书。其间遍访施于人的家人、学生，作者还深记施于人的第一代弟子秦锡麟对她说："如果你想了解陶艺，你一定要采访我的老师施于人的业绩，他的精神更如金子般闪光。"

在中国，瓷器作为装饰品像诗一般使人感受到自然和文化的熏陶，施于人评述这种联系时，也强调日用瓷器的美学价值，必须以真、善、美来陶冶人奋发向上，既满足人们精神生活需要，也直接为物质生活需要服务。他作为陶艺家，弄通了工艺环节的技术知识。探索施于人陶艺精神所在，在以下几方面更有借鉴意义。

其一，强调学习陶艺传统，推陈出新，走自己的路。陶艺发展的每一步都值得研习，把握来龙去脉。他说，"如果不能很好地掌握陶瓷装饰技法"，"那连模仿都做不到"。了解陶瓷的全部过程，从熟知历史中择优、除劣、创新，提出接触生活，以创造与时代息息相关的作品，今天的艺人不能用旧笔毫无生气地重复过去。早在1987年，评论家张道一评施于人的作品是"新不离道""法古创新""借传统手法，注入新的内容意境，具有时代新意"。

其二，主张向自然学习，大自然是最好的老师，是第一位的。艺术和生活密不可分，施于人从学生时代就爱好旅行，在旅行时到大自然中用心观察、临摹。他带学生到云南当地写生。在时代风雨中，施于人的人生道路跌宕起伏。在他的名誉终得恢复后，1978年，北京著名的陶艺大师祝大年专程委托施于人组织一批陶艺界的精英创作首都国际机场的大型壁画群"森林之歌"，这批艺术家是中国真正的国宝。施于人的妻子保存了他的初稿，主题"森林之歌"的壁画以云南茂密的热带雨林为背景，由色彩绚丽的瓷砖镶拼而成。那是当代陶瓷壁画的典范之作，中学的美术教材多年用她作封面。

其三，注重糅合文人艺术和民间艺术的精华。过去知识分子和学徒出身的民间艺人互不来往，前者阳春白雪，后者下里巴人。施于人汲取了两者的长处，带来了瓷器设计的"大爆炸"。景德镇的民间艺术家在施于人眼里，不是没有学历的匠人，而是活生生的教科书，如段茂发、聂杏生、余翰青、魏荣生等都应邀讲课。学生们回忆，每当施老师端上茶杯、搬了坐椅到教室，他们就知道那天一定是段茂发或其他匠人要来讲课，学生们体会知识分子和民间艺人两股力量所产生新的能量、新的想法和技巧，推动着陶瓷艺术的历史长河滚滚向前。

锦施蓝缠枝牡丹罐

施于人的著作《陶瓷彩绘》，论文《剪纸的应用与作法》《景德镇青花瓷》《颜色釉在日用瓷上的应用》《艺术的设计问题》等，至今在陶瓷界和艺术界有着积极影响。施于人创作的锦施蓝系列经典作品，以他数十年的智慧，集粉彩、古彩和青花等技艺，结合现代的几何图案，形成独特的艺术风格，成为陶瓷艺术的奇葩。锦施蓝作品在上林湖展示受到专家们的青睐。他的作品多次参加国内陶瓷展览，并赴日本、新加坡等国家和中国香港、澳门地区展销。

"施于人，中国当代陶瓷艺术的标志"，历史对其如是评述，对越窑青瓷的故乡更是一种欣慰、一种启迪。

（四）

在21世纪全球出现合作共赢、文化包孕的洪流中，2013年9月至10月，中国提出建设"新丝绸之路经济带"和"21世纪海上丝绸之路"的倡议。旨在借用古代"丝绸之路"的历史符号，发展与沿线国家的合作伙伴关系。在这历史条件下，我们面对不同国家、不同地区的文化背景差异，在全球必然存在的文明传承中，正在出现并将持续发展多元文化交流。我们结合越窑青瓷文化的传播在看到东西方不同文化背景下，坚持我国优秀传统文化的特色，越是民族的，也越是世界的，因为越是经典越会走向世界，在全球经济共同体中丰富人类文明、生活美好的内涵。讲好上林湖秘色瓷的传播故事，就是在这样的机遇和挑战中。

上林湖越窑遗址由前后几代人考古挖掘，取得丰硕成果，列入全国重点文物保护单位，经过40多年改革开放和社会主义新时代时期，遗址对外开放，迎来了新的发展时期。

进入21世纪，宁波多次举办中外专家学术论坛。2005年12月10日、11日，由中国中外关系史学会、浙江日本文化研究所、宁波市文化广电新闻出版局共同组织召开"宁波'海上丝绸之路'学术研讨会"，中国和日本的60余位专家学者，围绕宁波港城的形成，历代"海上丝路"的文化遗存，尤其是越窑瓷器的制瓷技术和外销等学术问题进行了深入探讨，在取得的一系列成果中，最主要的是确立了宁波为中国"海上丝路"核心港口之一，并通过《宁波倡议》。在此后的多次活动中，又联合沿海相关城市开展申报世界文化遗产。在此

葡萄纹秘色茶具组

期间，随着宁波茶文化的系统研究与深入，人们对越窑青瓷茶具有了深刻的理性认识。2015年5月8日在宁波茶文化博物院，召开了越窑青瓷与玉成窑研讨会，会议由宁波茶文化促进会和宁波东亚茶文化研究中心主办，出席研讨的有姚国坤、林士民、童衍方等著名专家学者近百人，会上交流了30余篇学术论文，研讨会对晚清时期书法家梅调鼎的文人紫砂作出新的评价，同时肯定了越窑青瓷茶具在茶文化发展中的重要历史地位。时任全国政协文史和学习委员会副主任、中国国际茶文化研究会会长周国富先生在会上讲话，指出越窑青瓷是全国茶具和陶瓷历史文物中的瑰宝，是一张地方金名片，独具新意，意义重大。越窑青瓷茶具早在唐代已为全国之冠，推动越窑声名远扬，而越窑又促进青瓷茶具从国内传播到国外，两者交相辉映，为21世纪越窑青瓷茶具的传承与创新提供了良好的社会环境和时代机遇。

越窑青瓷茶具在应运中复兴，以玉璧足茶盏为例，它被唐代陆羽评为最适合用来品茶的茶碗，在古人看来是青则益茶，在国外时兴红茶中，作为泡红茶的茶具，呈现另一种越窑青瓷风骨。这种高4.8厘米，杯口宽约12厘米，杯口上多作花品塑型，取材于植物形态，呈

瓜棱秘色茶具组

现出凹凸有致的花形器型，我们上越陶艺研究所命名其为纹草杯。这类茶和茶具相伴的器皿，用作煮茶的不是我们现在所用的散茶，而是精制成的茶饼，也许当时没有如今的红茶、绿茶的严格区分，现在人们用纹草杯来品饮红茶，既体现青瓷的淡雅、古朴，又展示红茶的殷红、深沉，茶汤和茶具融洽，青瓷与红茶共舞，也成为品红茶者的爱好。

越窑秘色瓷的高超工艺积淀成优秀传统文化，与港城宁波的制造业一脉相承，历史和现实之光相互辉映。集结在上林湖畔的浙东儿女置身于上林湖一带200多处的遗址群中，从荷花芯窑的文保所到后司岙秘色瓷遗址，从青瓷博物馆到研究所，从文创产业到青瓷文化传承园，在服务长三角一体化发展中，在提升国际化服务水平中，一批越窑青瓷烧制技艺传承人担当着历史和时代的使命，他们有一种情怀：矢志不渝；有一种精神：穿越历史；有一种奋斗：辉映未来。

参考文献

《越地茶史》编委会，2018．越地茶史．杭州：浙江古籍出版社．

陈伟权，1998．中国可有第二庐山．宁波：宁波出版社．

戴雨享，2019．越窑．哈尔滨：黑龙江美术出版社．

乐承耀，2013．宁波农业史．宁波：宁波出版社．

乐承耀，2017．宁波人口史．宁波：宁波出版社．

林士民，2012．宁波造船史．杭州：浙江大学出版社．

林士民，林浩，2012．中国越窑瓷．宁波：宁波出版社．

宁波茶文化促进会，陈伟权，2017．茶韵．香港：中国文化出版社．

宁波茶文化促进会，宁波东亚茶文化研究中心，竺济法，2014．"海上茶路·
　甬为茶港"研究文集．北京：中国农业出版社．

宁波茶文化促进会，宁波东亚茶文化研究中心，竺济法，2015．越窑青瓷与玉
　成窑研究文集．香港：中国文化出版社．

钱茂行，何信恩，1999．绍兴茶文化．杭州：浙江文艺出版社．

童兆良，2003．检点上林文明．北京：中国文联出版社．

吴军著，2014．文明之光．北京：人民邮电出版社．

谢纯龙，慈溪市博物馆，2002．上林湖越窑．北京：科学出版社．

徐定宝，2001．越窑青瓷文化史．北京：人民出版社．

许孟光，2015．宁波文物古迹保护纪实．宁波：宁波出版社．

杨积芳，2004．慈溪文献集成·余姚六仓志．杭州：杭州出版社．

杨旭，1995．绍兴陶瓷志．杭州：中国美术学院出版社．

郑桂春，2011．影响中国茶文化史的瀑布仙茗．北京：中国文史出版社．

郑绍昌，1989．宁波港史．北京：人民交通出版社．

周国富，2018．世界茶文化大全．北京：中国农业出版社．

附录

宁波茶文化促进会大事记（2003—2021年）

2003年

▲2003年8月20日，宁波茶文化促进会成立。参加大会的有宁波茶文化促进会50名团体会员和122名个人会员。

浙江省政协副主席张蔚文，宁波市政协主席王卓辉，宁波市政协原主席叶承垣，宁波市委副书记徐福宁、郭正伟，广州茶文化促进会会长邬梦兆，全国政协委员、中国美术学院原院长肖峰，宁波市人大常委会副主任徐杏先，中国国际茶文化研究会常务副会长宋少祥、副会长沈者寿、顾问杨招棣、办公室主任姚国坤等领导参加了本次大会。

宁波市人大常委会副主任徐杏先当选为首任会长。宁波市政府副秘书长虞云秧、叶胜强，宁波市林业局局长殷志浩，宁波市财政局局长宋越舜，宁波市委宣传部副部长王桂娣，宁波市城投公司董事长白小易，北京恒帝隆房地产公司董事长徐慧敏当选为副会长，殷志浩兼秘书长。大会聘请：张蔚文、叶承垣、陈继武、陈炳水为名誉会长；中国工程院院士陈宗懋，著名学者余秋雨，中国美术学院原院长肖峰，著名篆刻艺术家韩天衡，浙江大学茶学系教授童启庆，宁波市政协原主席徐季子为本会顾问。宁波茶文化促进会挂靠宁波市林业局，办公场所设在宁波市江北区槐树路77号。

▲2003年11月22—24日，本会组团参加第三届广州茶博会。本会会长徐杏先，副会长虞云秧、殷志浩等参加。

▲2003年12月26日，浙江省茶文化研究会在杭召开成立大会。

本会会长徐杏先当选为副会长，本会副会长兼秘书长殷志浩当选为常务理事。

2004年

▲2004年2月20日，本会会刊《茶韵》正式出版，印量3 000册。

▲2004年3月10日，本会成立宁波茶文化书画院，陈启元当选为院长，贺圣思、叶文夫、沈一鸣当选为副院长，蔡毅任秘书长。聘请（按姓氏笔画排序）：叶承垣、陈继武、陈振濂、徐杏先、徐季子、韩天衡为书画院名誉院长；聘请（按姓氏笔画排序）：王利华、王康乐、刘文选、何业琦、陆一飞、沈元发、沈元魁、陈承豹、周节之、周律之、高式熊、曹厚德为书画院顾问。

▲2004年4月29日，首届中国·宁波国际茶文化节暨农业博览会在宁波国际会展中心隆重开幕。全国政协副主席周铁农，全国政协文史委副主任、中国国际茶文化研究会会长刘枫，浙江省政协原主席、中国国际茶文化研究会名誉会长王家扬，中国工程院院士陈宗懋，浙江省人大常委会副主任李志雄，浙江省政协副主席张蔚文，浙江省副省长、宁波市市长金德水，宁波市委副书记葛慧君，宁波市人大常委会主任陈勇，本会会长徐杏先，国家、省、市有关领导，友好城市代表以及美国、日本等国的400多位客商参加开幕式。金德水致欢迎辞，刘枫致辞，全国政协副主席周铁农宣布开幕。

▲2004年4月30日，宁波茶文化学术研讨会在开元大酒店举行。中国国际茶文化研究会会长刘枫出席并讲话，宁波市委副书记陈群、宁波市政协原主席徐季子，本会会长徐杏先等领导出席研讨会。陈群副书记致辞，徐杏先会长讲话。

▲2004年7月1—2日，本会邀请姚国坤教授来甬指导编写《宁波茶文化历史与现状》一书。参加座谈会人员有：本会会长徐杏先，顾问徐季子，副会长王桂娣、殷志浩，常务理事张义彬、董贻安，理事

王小剑、杨劲等。

▲2004年8月18日，本会在联谊宾馆召开座谈会议。会议由本会会长徐杏先主持，征求《四明茶韵》一书写作提纲和筹建茶博园方案的意见。出席会议人员有：本会名誉会长叶承垣、顾问徐季子、副会长虞云秋、副会长兼秘书长殷志浩等。特邀中国国际茶文化研究会姚国坤教授到会。

▲2004年11月18—19日，浙江省茶文化考察团在甬考察。刘枫会长率省茶文化考察团成员20余人，深入四明山的余姚市梁弄、大岚及东钱湖的福泉山茶场，实地考察茶叶生产基地、茶叶加工企业和茶文化资源。本会会长徐杏先、副会长兼秘书长殷志浩等领导全程陪同。

▲2004年11月20日，宁波茶文化促进会茶叶流通专业委员会成立大会在新兴饭店举行，选举本会副会长周信浩为会长，本会常务理事朱华峰、李猛进、林伟平为副会长。

2005年

▲2005年1月6—25日，85岁著名篆刻家高式熊先生应本会邀请，历时20天，创作完成《茶经》印章45方，边款文字2 000余字。成为印坛巨制，为历史之最，也是宁波文化史上之鸿篇。

▲2005年2月1日，本会与宁波中德展览服务有限公司签订"宁波茶文化博物院委托管理经营协议书"。宁波茶文化博物院隶属于宁波茶文化促进会。本会副会长兼秘书长殷志浩任宁波茶文化博物院院长，徐晓东任执行副院长。

▲2005年3月18—24日，本会邀请宁波著名画家叶文夫、何业琦、陈亚非、王利华、盛元龙、王大平制作"四明茶韵"长卷，画芯总长23米，高0.54米，将7 000年茶史集于一卷。

▲2005年4月15日，由宁波市人民政府组织编写，本会具体承办，陈炳水副市长任编辑委员会主任的《四明茶韵》一书正式出版。

▲2005年4月16日，由中国茶叶流通协会、中国国际茶文化研究会、中国茶叶学会共同主办，由本会承办的中国名优绿茶评比在宁波揭晓。送达茶样100多个，经专家评审，评选出"中绿杯"金奖26个、银奖28个。

本会与中国茶叶流通协会签订长期合作举办中国宁波茶文化节的协议，并签订"中绿杯"全国名优绿茶评比自2006年起每隔一年在宁波举行。本会注册了"中绿杯"名优绿茶系列商标。

▲2005年4月17日，第二届中国·宁波国际茶文化节在宁波市亚细亚商场开幕。参加开幕式的领导有：全国政协副主席白立忱，全国政协原副主席杨汝岱，全国政协文史委副主任、中国国际茶文化研究会会长刘枫，浙江省副省长茅临生，浙江省政协副主席张蔚文，浙江省政协原副主席陈文韶，中国国际林业合作集团董事长张德樟，中国工程院院士陈宗懋，中国国际茶文化研究会名誉会长王家扬，中国茶叶学会理事长杨亚军，以及宁波市领导毛光烈、陈勇、王卓辉、郭正伟，本会会长徐杏先等。参加本届茶文化节还有浙江省、宁波市的有关领导，以及老领导葛洪升、王其超、杨彬、孙家贤、陈法文、吴仁源、耿典华等。浙江省副省长茅临生、宁波市市长毛光烈为开幕式致辞。

▲2005年4月17日下午，宁波茶文化博物院开院暨《四明茶韵》《茶经印谱》首发式在月湖举行，参加开院仪式的领导有：全国政协副主席白立忱，全国政协原副主席杨汝岱，全国政协文史委副主任、中国国际茶文化研究会会长刘枫，浙江省副省长茅临生，浙江省政协副主席张蔚文，浙江省政协原副主席陈文韶，中国国际林业合作集团董事长张德樟，中国工程院院士陈宗懋，中国国际茶文化研究会名誉会长王家扬，中国茶叶学会理事长杨亚军，以及宁波市领导毛光烈、陈勇、王卓辉、郭正伟，本会会长徐杏先等。白立忱、杨汝岱、刘枫、王家扬等还为宁波茶文化博物院剪彩，并向市民代表赠送了《四明茶韵》和《茶经印谱》。

▲2005年9月23日，中国国际茶文化研究会浙东茶文化研究中心成立。授牌仪式在宁波新芝宾馆隆重举行，本会及茶界近200人出席，中国国际茶文化研究会副会长沈才土、姚国坤教授向浙东茶文化研究中心主任徐杏先和副主任胡剑辉授牌。授牌仪式后，由姚国坤、张莉颖两位茶文化专家作《茶与养生》专题讲座。

2006年

▲2006年4月24日，第三届中国·宁波国际茶文化节开幕。出席开幕式的有全国政协副主席郝建秀，浙江省政协副主席张蔚文，宁波市委书记巴音朝鲁，宁波市委副书记、市长毛光烈，宁波市委原书记叶承垣，市政协原主席徐季子，本会会长徐杏先等领导。

▲2006年4月24日，第三届"中绿杯"全国名优绿茶评比揭晓。本次评比，共收到来自全国各地绿茶产区的样品207个，最后评出金奖38个，银奖38个，优秀奖59个。

▲2006年4月24日，由本会会同宁波市教育局着手编写《中华茶文化少儿读本》教科书正式出版。宁波市教育局和本会选定宁波7所小学为宁波市首批少儿茶艺教育实验学校，进行授牌并举行赠书仪式，参加赠书仪式的有徐季子、高式熊、陈大申和本会会长徐杏先、副会长兼秘书长殷志浩等领导。

▲2006年4月24日下午，宁波"海上茶路"国际论坛在凯洲大酒店举行。中国国际茶文化研究会顾问杨招棣、副会长宋少祥，宁波市委副书记郭正伟，宁波市人民政府副市长陈炳水，本会会长徐杏先等领导及北京大学教授滕军、日本茶道学会会长仓泽行洋等国内外文史界和茶学界的著名学者、专家、企业家参会，就宁波"海上茶路"启航地的历史地位进行了论述，并达成共识，发表宣言，确认宁波为中国"海上茶路"启航地。

▲2006年4月25日，本会首次举办宁波茶艺大赛。参赛人数有

150余人，经中国国际茶文化研究副秘书长姚国坤、张莉颖等6位专家评选，评选出"茶美人""茶博士"。本会会长徐杏先、副会长兼秘书长殷志浩到会指导并颁奖。

2007年

▲2007年3月中旬，本会组织茶文化专家、考古专家和部分研究员审定了大岚姚江源头和茶山茶文化遗址的碑文。

▲2007年3月底，《宁波当代茶诗选》由人民日报出版社出版，宁波市委宣传部副部长、本会副会长王桂娣主编，中国国际茶文化研究会会长刘枫、宁波市政协原主席徐季子分别为该书作序。

▲2007年4月16日，本会会同宁波市林业局组织评选八大名茶。经过9名全国著名的茶叶评审专家评审，评出宁波八大名茶：望海茶、印雪白茶、奉化曲毫、三山玉叶、瀑布仙茗、望府茶、四明龙尖、天池翠。

▲2007年4月17日，宁波八大名茶颁奖仪式暨全国"春天送你一首诗"朗诵会在中山广场举行。宁波市委原书记叶承垣、市政协主席王卓辉、市人民政府副市长陈炳水，本会会长徐杏先，副会长柴利能、王桂娣，副会长兼秘书长殷志浩等领导出席，副市长陈炳水讲话。

▲2007年4月22日，宁波市人民政府落款大岚茶事碑揭碑。宁波市副市长陈炳水、本会会长徐杏先为茶事碑揭碑，参加揭碑仪式的领导还有宁波市政府副秘书长柴利能、本会副会长兼秘书长殷志浩等。

▲2007年9月，《宁波八大名茶》一书由人民日报出版社出版。由宁波市林业局局长、本会副会长胡剑辉任主编。

▲2007年10月，《宁波茶文化珍藏邮册》问世，本书以记叙当地八大名茶为主体，并配有宁波茶文化书画院书法家、画家、摄影家创作的作品。

▲2007年12月18日，余姚茶文化促进会成立。本会会长徐杏先，

本会副会长、宁波市人民政府副秘书长柴利能，本会副会长兼秘书长殷志浩到会祝贺。

▲2007年12月22日，宁波茶文化促进会二届一次会员大会在宁波饭店举行。中国国际茶文化研究会副会长宋少祥、宁波市人大常委会副主任郑杰民、宁波市副市长陈炳水等领导到会祝贺。第一届茶促会会长徐杏先继续当选为会长。

2008年

▲2008年4月24日，第四届中国·宁波国际茶文化节暨第三届浙江绿茶博览会开幕。参加开幕式的有全国政协文史委原副主任、浙江省政协原主席、中国国际茶文化研究会会长刘枫，浙江省人大常委会副主任程渭山，浙江省人民政府副省长茅临生，浙江省政协原副主席、本会名誉会长张蔚文，本市有王卓辉、叶承垣、郭正伟、陈炳水、徐杏先等领导参加。

▲2008年4月24日，由本会承办的第四届"中绿杯"全国名优绿茶评比在甬举行。全国各地送达参赛茶样314个，经9名专家认真细致、公平公正的评审，评选出金奖70个，银奖71个，优质奖51个。

▲2008年4月25日，宁波东亚茶文化研究中心在甬成立，并举行东亚茶文化研究中心授牌仪式，浙江省领导张蔚文、杨招棣和宁波市领导陈炳水、宋伟、徐杏先、王桂娣、胡剑辉、殷志浩等参加。张蔚文向东亚茶文化研究中心主任徐杏先授牌。研究中心聘请国内外著名茶文化专家、学者姚国坤教授等为东亚茶文化研究中心研究员，日本茶道协会会长仓泽行洋博士等为东亚茶文化研究中心荣誉研究员。

▲2008年4月，宁波市人民政府在宁海县建立茶山茶事碑。宁波市政府副市长、本会名誉会长陈炳水，会长徐杏先和宁波市林业局局长胡剑辉，本会副会长兼秘书长殷志浩等领导参加了宁海茶山茶事碑落成仪式。

2009年

▲2009年3月14日—4月10日，由本会和宁波市教育局联合主办，组织培训少儿茶艺实验学校教师，由宁波市劳动和社会保障局劳动技能培训中心组织实施。参加培训的31名教师，认真学习《国家职业资格培训》教材，经理论和实践考试，获得国家五级茶艺师职称证书。

▲2009年5月20日，瀑布仙茗古茶树碑亭建立。碑亭建立在四明山瀑布泉岭古茶树保护区，由宁波市人民政府落款，并举行了隆重的建碑落成仪式，宁波市人民政府副市长、本会名誉会长陈炳水，本会会长徐杏先为茶树碑揭碑，本会副会长周信浩主持揭碑仪式。

▲2009年5月21日，本会举办宁波东亚茶文化海上茶路研讨会，参加会议的领导有宁波市副市长陈炳水，本会会长徐杏先，副会长柴利能、殷志浩等。日本、韩国、马来西亚以及港澳地区的茶界人士及内地著名茶文化专家100余人参加会议。

▲2009年5月21日，海上茶路纪事碑落成。本会会同宁波市城建、海曙区政府，在三江口古码头遗址时代广场落成海上茶路纪事碑，并举行隆重的揭碑仪式。中国国际茶文化研究会顾问杨招棣，宁波市政协原主席、本会名誉会长叶承垣，宁波市人民政府副市长、本会名誉会长陈炳水，本会会长徐杏先，宁波市政协副主席、本会顾问常敏毅等领导及各界代表人士和外国友人到场，祝贺宁波海上茶路纪事碑落成。

2010年

▲2010年1月8日，由中国国际茶文化研究会、中国茶叶学会、宁波茶文化促进会和余姚市人民政府主办，余姚茶文化促进会承办的中国茶文化之乡授牌仪式暨瀑布仙茗·河姆渡论坛在余姚召开。本会

会长徐杏先、副会长周信浩、副会长兼秘书长殷志浩等领导出席会议。

▲2010年4月20日，本会组编的《千字文印谱》正式出版。该印谱汇集了当代印坛大家韩天衡、李刚田、高式熊等为代表的61位著名篆刻家篆刻101方作品，填补印坛空白，并将成为留给后人的一份珍贵的艺术遗产。

▲2010年4月24日，本会组编的《宁波茶文化书画院成立六周年画师作品集》出版。

▲2010年4月24日，由中国茶叶流通协会、中国国际茶文化研究会、中国茶叶学会三家全国性行业团体和浙江省农业厅、宁波市人民政府共同主办的"第五届·中国宁波国际茶文化节暨第五届世界禅茶文化交流会"在宁波拉开帷幕。出席开幕式的领导有全国政协原副主席胡启立，浙江省人大常委会副主任程渭山，中国国际茶文化研究会常务副会长徐鸿道，中国茶叶流通协会常务副会长王庆，浙江省农业厅副厅长朱志泉，中国茶叶学会副会长江用文，中国国际茶文化研究会副会长沈才土，宁波市委书记巴音朝鲁，宁波市长毛光烈，宁波市政协主席王卓辉，本会会长徐杏先等。会议由宁波市副市长、本会名誉会长陈炳水主持。

▲2010年4月24日，第五届"中绿杯"评比在宁波举行。这是我国绿茶领域内最高级别和权威的评比活动。来自浙江、湖北、河南、安徽、贵州、四川、广西、云南、福建及北京等十余个省（市）271个参赛茶样，经农业部有关部门资深专家评审，评选出金奖50个，银奖50个，优秀奖60个。

▲2010年4月24日下午，第五届世界禅茶文化交流会暨"明州茶论·禅茶东传宁波缘"研讨会在东港喜来登大酒店召开。中国国际茶文化研究会常务副会长徐鸿道、副会长沈才土、秘书长詹泰安、高级顾问杨招棣，宁波市副市长陈炳水，本会会长徐杏先，宁波市政府副秘书长陈少春，本会副会长王桂娣、殷志浩等领导，及浙江省各地（市）茶文化研究会会长兼秘书长，国内外专家学者200多人参加会议。

会后在七塔寺建立了世界禅茶文化会纪念碑。

▲2010年4月24日晚，在七塔寺举行海上"禅茶乐"晚会，海上"禅茶乐"晚会邀请中国台湾佛光大学林谷芳教授参与策划，由本会副会长、七塔寺可祥大和尚主持。著名篆刻艺术家高式熊先生，本会会长徐杏先，宁波市政府副秘书长、本会副会长陈少春，副会长兼秘书长殷志浩等参加。

▲2010年4月24日晚，周大风所作的《宁波茶歌》亮相第五届宁波国际茶文化节招待晚会。

▲2010年4月26日，宁波市第三届茶艺大赛在宁波电视台揭晓。大赛于25日在宁波国际会展中心拉开帷幕，26日晚上在宁波电视台演播大厅进行决赛及颁奖典礼，参加颁奖典礼的领导有：宁波市委副书记陈新，宁波市副市长陈炳水，本会会长徐杏先，宁波市副秘书长陈少春，本会副会长殷志浩，宁波市林业局党委副书记、副局长汤社平等。

▲2010年4月，《宁波茶文化之最》出版。本书由陈炳水副市长作序。

▲2010年7月10日，本会为发扬传统文化，促进社会和谐，策划制作《道德经选句印谱》。邀请著名篆刻艺术家韩天衡、高式熊、刘一闻、徐云叔、童衍方、李刚田、茅大容、马士达、余正、张耕源、黄淳、祝遂之、孙慰祖及西泠印社社员或中国篆刻家协会会员，篆刻创作道德经印章80方，并印刷出版。

▲2010年11月18日，由本会和宁波市老干部局联合主办"茶与健康"报告会，姚国坤教授作"茶与健康"专题讲座。本会名誉会长叶承垣，本会会长徐杏先，副会长兼秘书长殷志浩及市老干部100多人在老年大学报告厅聆听讲座。

2011年

▲2011年3月23日，宁波市明州仙茗茶叶合作社成立。宁波市副

市长徐明夫向明州仙茗茶叶合作社林伟平理事长授牌。本会会长徐杏先参加会议。

▲2011年3月29日，宁海县茶文化促进会成立。本会会长徐杏先、副会长兼秘书长殷志浩等领导到会祝贺。宁海政协原主席杨加和当选会长。

▲2011年3月，余姚市茶文化促进会梁弄分会成立。浙江省首个乡镇级茶文化组织成立。本会副会长兼秘书长殷志浩到会祝贺。

▲2011年4月21日，由宁波茶文化促进会、东亚茶文化研究中心主办的2011中国宁波"茶与健康"研讨会召开。中国国际茶文化研究会常务副会长徐鸿道，宁波市副市长、本会名誉会长徐明夫，本会会长徐杏先，宁波市委宣传部副部长、副会长王桂娣，本会副会长殷志浩、周信浩及150多位海内外专家学者参加。并印刷出版《科学饮茶益身心》论文集。

▲2011年4月29日，奉化茶文化促进会成立。宁波茶文化促进会发去贺信，本会会长徐杏先到会并讲话、副会长兼秘书长殷志浩等领导参加。奉化人大原主任何康根当选首任会长。

2012年

▲2012年5月4日，象山茶文化促进会成立。本会发去贺信，本会会长徐杏先到会并讲话，副会长兼秘书长殷志浩等领导到会。象山人大常委会主任金红旗当选为首任会长。

▲2012年5月10日，第六届"中绿杯"中国名优绿茶评比结果揭晓，全国各省、市250多个茶样，经中国茶叶流通协会、中国国际茶文化研究会等机构的10位权威专家评审，最后评选出50个金奖，30个银奖。

▲2012年5月11日，第六届中国·宁波国际茶文化节隆重开幕。中国国际茶文化研究会会长周国富、常务副会长徐鸿道，中国茶叶流

通协会常务副会长王庆，中国茶叶学会理事长杨亚军，宁波市委副书记王勇，宁波市人大常委会原副主任、本会名誉会长郑杰民，本会会长徐杏先出席开幕式。

▲2012年5月11日，首届明州茶论研讨会在宁波南苑饭店国际会议中心举行，以"茶产业品牌整合与品牌文化"为主题，研讨会由宁波茶文化促进会、宁波东亚茶文化研究中心主办。中国国际茶文化研究会常务副会长徐鸿道出席会议并作重要讲话。宁波市副市长马卫光，本会会长徐杏先，宁波市林业局局长黄辉，本会副会长兼秘书长殷志浩，以及姚国坤、程启坤，日本中国茶学会会长小泊重洋，浙江大学茶学系博士生导师王岳飞教授等出席会议。

▲2012年10月29日，慈溪市茶业文化促进会成立。本会会长徐杏先、副会长兼秘书长殷志浩等领导参加，并向大会发去贺信，徐杏先会长在大会上作了讲话。黄建钧当选为首任会长。

▲2012年10月30日，北仑茶文化促进会成立。本会向大会发去贺信，本会会长徐杏先出席会议并作重要讲话。北仑区政协原主席汪友诚当选会长。

▲2012年12月18日，召开宁波茶文化促进会第三届会员大会。中国国际茶文化研究会常务副会长徐鸿道，秘书长詹泰安，宁波市政协主席王卓辉，宁波市政协原主席叶承垣，宁波市人大常委会副主任宋伟、胡谟敦，宁波市人大常委会原副主任郑杰民、郭正伟，宁波市政协原副主席常敏毅，宁波市副市长马卫光等领导参加。宁波市政府副秘书长陈少春主持会议，本会副会长兼秘书长殷志浩作二届工作报告，本会会长徐杏先作临别发言，新任会长郭正伟作任职报告，并选举产生第三届理事、常务理事，选举郭正伟为第三届会长，胡剑辉兼任秘书长。

2013年

▲2013年4月23日，本会举办"海上茶路·甬为茶港"研讨会，

中国国际茶文化研究会周国富会长、宁波市副市长马卫光出席会议并在会上作了重要讲话。通过了《"海上茶路·甬为茶港"研讨会共识》，进一步确认了宁波"海上茶路"启航地的地位，提出了"甬为茶港"的新思路。本会会长郭正伟、名誉会长徐杏先、副会长兼秘书长胡剑辉参加会议。

▲2013年4月，宁波茶文化博物院进行新一轮招标。宁波茶文化博物院自2004年建立以来，为宣传、展示宁波茶文化发展起到了一定的作用。鉴于原承包人承包期已满，为更好地发挥茶博院展览、展示，弘扬宣传茶文化的功能，本会提出新的目标和要求，邀请中国国际茶文化研究会姚国坤教授、中国茶叶博物馆馆长王建荣等5位省市著名茶文化和博物馆专家，通过竞标，落实了新一轮承包者，由宁波和记生张生茶具有限公司管理经营。本会副会长兼秘书长胡剑辉主持本次招标会议。

2014年

▲2014年4月24日，完成拍摄《茶韵宁波》电视专题片。本会会同宁波市林业局组织摄制电视专题片《茶韵宁波》，该电视专题片时长20分钟，对历史悠久、内涵丰厚的宁波茶历史以及当代茶产业、茶文化亮点作了全面介绍。

▲2014年5月9日，第七届中国·宁波国际茶文化节开幕。浙江省人大常委会副主任程渭山，中国国际茶文化研究会常务副会长徐鸿道，中国茶叶流通协会常务副会长王庆，中国农科院茶叶研究所所长、中国茶叶学会名誉理事长杨亚军，浙江省农业厅总农艺师王建跃，浙江省林业厅总工程师蓝晓光，宁波市委副书记余红艺，宁波市人大常委会副主任、本会名誉会长胡谟敦，宁波市副市长、本会名誉会长林静国，本会会长郭正伟，本会名誉会长徐杏先，副会长兼秘书长胡剑辉等领导出席开幕式，开幕式由宁波市副市长林静国主持，宁波市委

副书记余红艺致欢迎词。最后由程渭山副主任和五大主办单位领导共同按动开幕式启动球。

▲2014年5月9日，第三届"明州茶论"——茶产业转型升级与科技兴茶研讨会，在宁波国际会展中心会议室召开。研讨会由浙江大学茶学系、宁波茶文化促进会、东亚茶文化研究会联合主办，宁波市林业局局长黄辉主持。中国国际茶文化研究会常务副会长徐鸿道，中国茶叶流通协会常务副会长王庆，宁波市副市长林静国等领导出席研讨会。本会会长郭正伟、名誉会长徐杏先、副会长兼秘书长胡剑辉等领导参加。

▲2014年5月9日，宁波茶文化博物院举行开院仪式。浙江省人大常委会副主任程渭山，中国国际茶文化研究会副会长徐鸿道，中国茶叶流通协会常务副会长王庆，本会名誉会长、人大常委会副主任胡谟敦，本会会长郭正伟，名誉会长徐杏先，宁波市政协副主席郑瑜，本会副会长兼秘书长胡剑辉等领导以及兄弟市茶文化研究会领导、海内外茶文化专家、学者200多人参加了开院仪式。

▲2014年5月9日，举行"中绿杯"全国名优绿茶评比，共收到茶样382个，为历届最多。本会工作人员认真、仔细接收封样，为评比的公平、公正性提供了保障。共评选出金奖77个，银奖78个。

▲2014年5月9日晚，本会与宁海茶文化促进会、宁海广德寺联合举办"禅·茶·乐"晚会。本会会长郭正伟、名誉会长徐杏先、副会长兼秘书长胡剑辉等领导出席禅茶乐晚会，海内外嘉宾、有关领导共100余人出席晚会。

▲2014年5月11日上午，由本会和宁波月湖香庄文化发展有限公司联合创办的宁波市篆刻艺术馆隆重举行开馆。参加开馆仪式的领导有：中国国际茶文化研究会会长周国富、秘书长王小玲，宁波市政协副主席陈炳水，本会会长郭正伟、名誉会长徐杏先、顾问王桂娣等领导。开馆仪式由市政府副秘书长陈少春主持。著名篆刻、书画、艺术家韩天衡、高式熊、徐云叔、张耕源、周律之、蔡毅等，以及篆刻、

书画爱好者200多人参加开馆仪式。

▲2014年11月25日，宁波市茶文化工作会议在余姚召开。本会会长郭正伟、名誉会长徐杏先、副会长兼秘书长胡剑辉、副秘书长汤社平以及余姚、慈溪、奉化、宁海、象山、北仑县（市）区茶文化促进会会长、秘书长出席会议。会议由汤社平副秘书长主持，副会长胡剑辉讲话。

▲2014年12月18日，茶文化进学校经验交流会在茶文化博物院召开。本会会长郭正伟、名誉会长徐杏先、副会长兼秘书长胡剑辉、宁波市教育局德育宣传处处长佘志诚等领导参加，本会副会长兼秘书长胡剑辉主持会议。

2015年

▲2015年1月21日，宁波市教育局职成教教研室和本会联合主办的宁波市茶文化进中职学校研讨会在茶文化博物院召开，本会会长郭正伟、名誉会长徐杏先、副会长兼秘书长胡剑辉、宁波市教育局职成教研室书记吕冲定等领导参加，全市14所中等职业学校的领导和老师出席本次会议。

▲2015年4月，本会特邀西泠印社社员、本市著名篆刻家包根满篆刻80方易经选句印章，由本会组编，宁波市政府副市长林静国为该书作序，著名篆刻家韩天衡题签，由西泠印社出版印刷《易经印谱》。

▲2015年5月8日，由本会和东亚茶文化研究中心主办的越窑青瓷与玉成窑研讨会在茶文化博物院举办。中国国际茶文化研究会会长周国富出席研讨会并发表重要讲话，宁波市副市长林静国到会致辞，宁波市政府副秘书长金伟平主持。本会会长郭正伟、名誉会长徐杏先、副会长兼秘书长胡剑辉等领导出席研讨会。

▲2015年6月，由市林业局和本会联合主办的第二届"明州仙茗杯"红茶类名优茶评比揭晓。评审期间，本会会长郭正伟、名誉会长

徐杏先、副会长兼秘书长胡剑辉专程看望评审专家。

▲2015年6月，余姚河姆渡文化田螺山遗址山茶属植物遗存研究成果发布会在杭州召开，本会名誉会长徐杏先、副会长兼秘书长胡剑辉等领导出席。该遗存被与会考古学家、茶文化专家、茶学专家认定为距今6 000年左右人工种植茶树的遗存，将人工茶树栽培史提前了3 000年左右。

▲2015年6月18日，在浙江省茶文化研究会第三次代表大会上，本会会长郭正伟，副会长胡剑辉、叶沛芳等，分别当选为常务理事和理事。

2016年

▲2016年4月3日，本会邀请浙江省书法家协会篆刻创作委员会的委员及部分西泠印社社员，以历代咏茶诗词，茶联佳句为主要内容篆刻创作98方作品，编入《历代咏茶佳句印谱》，并印刷出版。

▲2016年4月30日，由本会和宁海县茶文化促进会联合主办的第六届宁波茶艺大赛在宁海举行。宁波市副市长林静国，本会郭正伟、徐杏先、胡剑辉、汤社平等参加颁奖典礼。

▲2016年5月3—4日，举办第八届"中绿杯"中国名优绿茶评比，共收到来自全国18个省、市的374个茶样，经全国行业权威单位选派的10位资深茶叶审评专家评选出74个金奖，109个银奖。

▲2016年5月7日，举行第八届中国·宁波国际茶文化节启动仪式，出席启动仪式的领导有：全国人大常委会第九届、第十届副委员长、中国文化院院长许嘉璐，浙江省第十届政协主席、全国政协文史与学习委员会副主任、中国国际茶文化研究会会长周国富，宁波市委副书记、代市长唐一军，宁波市人大常委会副主任王建康，宁波市副市长林静国，宁波市政协副主席陈炳水，宁波市政府秘书长王建社，本会会长郭正伟、创会会长徐杏先、副会长兼秘书长胡剑辉等参加。

▲2016年5月8日，茶博会开幕，参加开幕式的领导有：中国国际茶文化研究会会长周国富、本会会长郭正伟、创会会长徐杏先、顾问王桂娣、副会长兼秘书长胡剑辉及各（地）市茶文化研究（促进）会会长等，展会期间96岁的宁波籍著名篆刻书法家高式熊先生到茶博会展位上签名赠书，其正楷手书《陆羽茶经小楷》首发，在博览会上受到领导和市民热捧。

▲2016年5月8日，举行由本会和宁波市台办承办全国性茶文化重要学术会议茶文化高峰论坛。论坛由中国文化院、中国国际茶文化研究会、宁波市人民政府等六家单位主办，全国人大常委会第九届、第十届副委员长、中国文化院院长许嘉璐，中国国际茶文化研究会会长周国富参加了茶文化高峰论坛，并分别发表了重要讲话。宁波市人大常委会副主任王建康、副市长林静国，本会会长郭正伟、创会会长徐杏先、副会长兼秘书长胡剑辉等领导参与论坛，参加高峰论坛的有来自全国各地，包括港、澳、台地区的茶文化专家学者，浙江省各地（市）茶文化研究（促进）会会长、秘书长等近200人，书面和口头交流的学术论文31篇，集中反映了茶和茶文化作为中华优秀传统文化的组成部分和重要载体，讲好当代中国茶文化的故事，有利于助推"一带一路"建设。

▲2016年5月9日，本会副会长兼秘书长胡剑辉和南投县商业总会代表签订了茶文化交流合作协议。

▲2016年5月9日下午，宁波茶文化博物院举行"清茗雅集"活动。全国人大常委会第九届、第十届副委员长、中国文化院院长许嘉璐，著名篆刻家高式熊等一批著名人士亲临现场，本会会长郭正伟、创会会长徐杏先、副会长兼秘书长胡剑辉、顾问王桂娣等领导参加雅集活动。雅集以展示茶席艺术和交流品茗文化为主题。

2017年

▲2017年4月2日，本会邀请由著名篆刻家、西泠印社名誉副社

长高式熊先生领衔，西泠印社副社长童衍方，集众多篆刻精英于一体创作而成52方名茶篆刻印章，本会主编出版《中国名茶印谱》。

▲2017年5月17日，本会会长郭正伟、创会会长徐杏先、副会长兼秘书长胡剑辉等领导参加由中国国际茶文化研究会、浙江省农业厅等单位主办的首届中国国际茶叶博览会并出席中国当代文化发展论坛。

▲2017年5月26日，明州茶论影响中国茶文化史之宁波茶事国际学术研讨会召开。中国国际茶文化研究会会长周国富出席并作重要讲话，秘书长王小玲、学术研究会主任姚国坤教授等领导及浙江省各地（市）茶文化研究会会长、秘书长，国内外专家学者参加会议。宁波市副市长卞吉安，本会名誉会长、人大常委会副主任胡谟敦，本会会长郭正伟，创会会长徐杏先，副会长兼秘书长胡剑辉等领导出席会议。

2018年

▲2018年3月20日，宁波茶文化书画院举行换届会议，陈亚非当选新一届院长，贺圣思、叶文夫、戚颢担任副院长，聘请陈启元为名誉院长，聘请王利华、何业琦、沈元发、陈承豹、周律之、曹厚德、蔡毅为顾问，秘书长由麻广灵担任。本会创会会长徐杏先，副会长兼秘书长胡剑辉，副会长汤社平等出席会议。

▲2018年5月3日，第九届"中绿杯"中国名优绿茶评比结果揭晓。共收到来自全国17个省（市）茶叶主产地的337个名优绿茶有效样品参评，经中国茶叶流通协会、中国国际茶文化研究会等机构的10位权威专家评审，最后评选出62个金奖，89个银奖。

▲2018年5月3日晚，本会与宁波市林业局等单位主办，宁波市江北区人民政府、市民宗局承办"禅茶乐"茶会在宝庆寺举行，本会会长郭正伟、副会长汤社平等领导参加，有国内外嘉宾100多人参与。

▲2018年5月4日，明州茶论新时代宁波茶文化传承与创新国际学术研讨会召开。出席研讨会的有中国国际茶文化研究会会长周国富、

秘书长王小玲，宁波市副市长卞吉安，本会会长郭正伟、创会会长徐杏先以及胡剑辉等领导，全国茶界著名专家学者，还有来自日本、韩国、澳大利亚、马来西亚、新加坡等专家嘉宾，大家围绕宁波茶人茶事、海上茶路贸易、茶旅融洽、茶商商业运作、学校茶文化基地建设等，多维度探讨习近平新时代中国特色社会主义思想体系中茶文化的传承和创新之道。中国国际茶文化研究会会长周国富作了重要讲话。

▲2018年5月4日晚，本会与宁波市文联、市作协联合主办"春天送你一首诗"诗歌朗诵会，本会会长郭正伟、创会会长徐杏先、副会长兼秘书长胡剑辉等领导参加。

▲2018年12月12日，由姚国坤教授建议本会编写《宁波茶文化史》，本会创会会长徐杏先、副会长兼秘书长胡剑辉、副会长汤社平等，前往杭州会同姚国坤教授、国际茶文化研究会副秘书长王祖文等人研究商量编写《宁波茶文化史》方案。

2019年

▲2019年3月13日，《宁波茶通典》编撰会议。本会与宁波东亚茶文化研究中心组织9位作者，研究落实编撰《宁波茶通典》丛书方案，丛书分为《茶史典》《茶路典》《茶业典》《茶人物典》《茶书典》《茶诗典》《茶俗典》《茶器典·越窑青瓷》《茶器典·玉成窑》九种分典。该丛书于年初启动，3月13日通过提纲评审。中国国际茶文化研究会学术委员会副主任姚国坤教授、副秘书长王祖文，本会创会会长徐杏先、副会长胡剑辉、汤社平等参加会议。

▲2019年5月5日，本会与宁波东亚茶文化研究中心联合主办"茶庄园""茶旅游"暨宁波茶史茶事研讨会召开。中国国际茶文化研究会常务副会长孙忠焕、秘书长王小玲、学术委员会副主任姚国坤、办公室主任戴学林，浙江省农业农村厅副巡视员吴金良，浙江省茶叶集团股份有限公司董事长毛立民，中国茶叶流通协会副会长姚静波，

宁波市副市长卞吉安、宁波市人大原副主任胡谟敦，本会会长郭正伟、创会会长徐杏先、宁波市农业农村局局长李强、本会副会长兼秘书长胡剑辉、副会长汤社平等领导，以及来自日本、韩国、澳大利亚及我国香港地区的嘉宾，宁波各县（市）区茶文化促进会领导、宁波重点茶企负责人等200余人参加。宁波市副市长卞吉安到会讲话，中国茶叶流通协会副会长姚静波、宁波市文化广电旅游局局长张爱琴，作了《弘扬茶文化　发展茶旅游》等主题演讲。浙江茶叶集团董事长毛立民等9位嘉宾，分别在研讨会上作交流发言，并出版《"茶庄园""茶旅游"暨宁波茶史茶事研讨会文集》，收录43位专家、学者44篇论文，共23万字。

▲2019年5月7日，宁波市海曙区茶文化促进会成立。本会会长郭正伟、创会会长徐杏先、副会长兼秘书长胡剑辉、副会长汤社平到会祝贺。宁波市海曙区政协副主席刘良飞当选会长。

▲2019年7月6日，由中共宁波市委组织部、市人力资源和社会保障局、市教育局主办、本会及浙江商业技师学院共同承办的"嵩江茶城杯"2019年宁波市"技能之星"茶艺项目职业技能竞赛，取得圆满成功。通过初赛，决赛以"明州茶事·千年之约"为主题，本会创会会长徐杏先、副会长兼秘书长胡剑辉、副会长汤社平等领导出席决赛颁奖典礼。

▲2019年9月21—27日，由本会副会长胡剑辉带领各县（市）区茶文化促进会会长、秘书长和茶企、茶馆代表一行10人，赴云南省西双版纳、昆明、四川成都等重点茶企业学习取经、考察调研。

2020年

▲2020年5月21日，多种形式庆祝"5·21国际茶日"活动。本会和各县（市）区茶促会以及重点茶企业，在办公住所以及主要街道挂出了庆祝标语，让广大市民了解"国际茶日"。本会还向各县（市）

区茶促会赠送了多种茶文化书籍。本会创会会长徐杏先、副会长兼秘书长胡剑辉参加了海曙区茶促会主办的"5·21国际茶日"庆祝活动。

▲2020年7月2日，第十届"中绿杯"中国名优绿茶评比，在京、甬两地同时设置评茶现场，以远程互动方式进行，两地专家全程采取实时连线的方式。经两地专家认真评选，结果于7月7日揭晓，共评选出特金奖83个，金奖121个，银奖15个。本会会长郭正伟、创会会长徐杏先、副会长兼秘书长胡剑辉参加了本次活动。

2021年

▲2021年5月18日，宁波茶文化促进会、海曙茶文化促进会等单位联合主办第二届"5·21国际茶日"座谈会暨月湖茶市集活动。参加活动的领导有本会会长郭正伟、创会会长徐杏先、副会长兼秘书长胡剑辉及各县（市）区茶文化促进会会长、秘书长等。

▲2021年5月29日，"明州茶论·茶与人类美好生活"研讨会召开。出席研讨会的领导和嘉宾有：中国工程院院士陈宗懋，中国国际茶文化研究会副会长沈立江、秘书长王小玲、办公室主任戴学林、学术委员会副主任姚国坤，浙江省茶叶集团股份有限公司董事长毛立民，浙江大学茶叶研究所所长、全国首席科学传播茶学专家王岳飞，江西省社会科学院历史研究所所长、《农业考古》主编施由明等，本会会长郭正伟、创会会长徐杏先、名誉会长胡谟敦，宁波市农业农村局局长李强，本会副会长兼秘书长胡剑辉等领导及专家学者100余位。会上，为本会高级顾问姚国坤教授颁发了终身成就奖。并表彰了宁波茶文化优秀会员、先进企业。

▲2021年6月9日，宁波市鄞州区茶文化促进会成立，本会会长郭正伟出席会议并讲话、创会会长徐杏先到会并授牌、副会长兼秘书长胡剑辉等领导到会祝贺。

▲2021年9月15日，由宁波市农业农村局和本会主办的宁波市第

五届红茶产品质量推选评比活动揭晓。通过全国各地茶叶评审专家评审，推选出10个金奖，20个银奖。本会会长郭正伟、创会会长徐杏先、副会长兼秘书长胡剑辉到评审现场看望评审专家。

▲2021年10月25日，由宁波市农业农村局主办，宁波市海曙区茶文化促进会承办，天茂36茶院协办的第三届甬城民间斗茶大赛在位于海曙区的天茂36茶院举行。本会创会会长徐杏先，本会副会长刘良飞等领导出席。

▲2021年12月22日，本会举行会长会议，首次以线上形式召开，参加会议的有本会正、副会长及各县（市）区茶文化促进会会长、秘书长，会议有本会副会长兼秘书长胡剑辉主持，郭正伟会长作本会工作报告并讲话；各县（市）区茶文化促进会会长作了年度工作交流。

▲2021年12月26日下午，中国国际茶文化研究会召开第六次会员代表大会暨六届一次理事会议以通信（含书面）方式召开。我会副会长兼秘书长胡剑辉参加会议，并当选为新一届理事；本会创会会长徐杏先、本会常务理事林宇晧、本会副秘书长竺济法聘请为中国国际茶文化研究会第四届学术委员会委员。

（周海珍　整理）

后记

流传千年姿色，世袭百代荣华。越窑青瓷成为中华优秀传统文化的重要载体之一。在其名扬中外的历史长河中，青瓷茶具发挥了独特的作用，对促进文明交流互鉴、推动中华文明发展和人类社会进步意义深远。撰写这本茶具书稿，我深感担当责任之重。

　　青瓷茶具书稿从开始动手，到今日脱稿，屈指算来两年有余。完成这部书稿，所用时间不算长，也不算短。说不长，因为出书是项工程，文字要留存后人，必须慎之又慎，非下功夫不可。好在本人学的是陶瓷专业，从事越窑青瓷的研究和创作实践，写过青瓷传承与创新的多篇文章，这次书写成文，有其方便之处，撰写进程不算慢、不算长。但是，说来时间也不算短，主要是指所花的精力而言。我致力于青瓷文化的研究与实践，多年来在上林湖畔，可以说把文章写在大地上。而在这两年中，比一般人所花的功夫仍然不会少。2018年下半年，宁波茶文化促进会指派我撰写《茶器典·越窑青瓷》一书，我即梳理资料，拟出撰稿的初步方案，广泛征求意见。2019年3月，又将详细的写作提纲向有关领导和专家汇报，并经审定认可，随后半年多的岁月里完成全书初稿，又用一个月时间修改初稿，10月在宁波饭店，向宁波茶文化促进会各位领导和姚国坤教授等专家学者作全面汇报。此后又经历了两次较大修改、校正文字、补充内容、搜集图片，可谓三易其稿。面对本书，掩卷思考，看似容易实则艰辛，此中甘苦心自知，更应当铭记在成书过程中领导、专家学者和团队同事作出的奉献。

　　感谢姚国坤教授的具体帮助。在我编写全书写作提纲过程中，他还亲自到上林湖遗址考察，在上越陶艺研究所对本书写作作了指导。

同时也要感谢林士民研究员，提供了青瓷在海外的多幅图片。责任编辑姚佳副编审更是花心血审核全书，为提高本书质量付出辛劳。

感谢中国工艺美术大师、中国陶瓷协会副理事长秦锡麟教授为本书作序，感谢国内外众多陶瓷专家学者为本书提供宝贵史料。全书除重要的图片署名外，多数由上越陶艺研究所拍摄。

感谢上越陶艺研究所全体同仁、我的研究团队积极参与，大力协同，为本书前期文字校勘、资料整理、图片搜集付出辛勤劳动。总之，本书的撰写离不开领导师长、同仁朋友直至家人的理解和支持，感恩之心，在此恕不能一一言谢。

由于本人重在传承与创新越窑青瓷的创作实践，写作过程中时断时续，精力不足，水平有限，对历史悠久又博大精深的越窑青瓷在认识的深度和广度上，有着更多提升的空间，随着越窑青瓷茶具研究的进展，会发现疏漏和不当之处，恳请方家和读者详解并指正。

2020年1月20日

图书在版编目（CIP）数据

茶器典. 越窑青瓷 / 宁波茶文化促进会组编；施珍
著. —北京：中国农业出版社，2023.9
（宁波茶通典）
ISBN 978-7-109-31214-2

Ⅰ.①茶… Ⅱ.①宁… ②施… Ⅲ.①茶具—文化史
—宁波 Ⅳ.①TS972.23

中国国家版本馆CIP数据核字（2023）第194507号

茶器典 · 越窑青瓷
CHAQI DIAN · YUEYAO QINGCI

中国农业出版社出版
地址：北京市朝阳区麦子店街18号楼
邮编：100125
特约专家：穆祥桐　　责任编辑：姚　佳
责任校对：吴丽婷
印刷：北京中科印刷有限公司
版次：2023年9月第1版
印次：2023年9月北京第1次印刷
发行：新华书店北京发行所
开本：700mm×1000mm　1/16
印张：12.25
字数：165千字
定价：88.00元